AF453931

LE TOISÉ

DES BATIMENS.

Les contrefacteurs seront poursuivis selon toute la rigueur de la loi.

PARIS. — IMPRIMERIE DE FAIN

Rue Racine, n. 4. Place de l'Odéon

LE TOISÉ

DES BATIMENS,

OU

L'ART DE SE RENDRE COMPTE,

ET DE METTRE A PRIX

TOUTE ESPÈCE DE TRAVAUX;

OUVRAGE UTILE
AUX ARCHITECTES, CONSTRUCTEURS ET PROPRIÉTAIRES,

PAR L. R. PERNOT,

ARCHITECTE, EXPERT PRÈS LES TRIBUNAUX.

PREMIÈRE PARTIE.

MAÇONNERIE.

PARIS.

CARILIAN, LIBRAIRE-ÉDITEUR,
RUE DES MAÇONS-SORBONNE, N°. 11,

1828.

AVANT-PROPOS.

Lorsque je composai mon Dictionnaire du bâtiment, ce fut avec l'ardent désir d'être utile à la classe ouvrière. Aujourd'hui une nouvelle entreprise s'est formée, l'Encyclopédie populaire; cette opération vraiment philanthropique, dont le but est de répandre les lumières dans les classes les moins fortunées de la société, doit produire les plus heureux effets. Le chef de l'entreprise a bien voulu m'associer à cette bonne œuvre; j'espère justifier la confiance dont il m'a honoré. Le Toisé des bâtimens présente avec lui quelque chose d'aride. J'ai tâché autant que j'ai pu de rendre mon travail le plus simple et le plus clair possible, pour le mettre à la portée, non-seulement des gens de bâtiment, mais encore à celle de tous les propriétaires et spéculateurs s'occupant de bâtisse. Ainsi pour la maçonnerie qui est, sans contredit, le toisé le plus difficile, parce qu'il y a souvent des solides qu'il faut décomposer, j'entre en matière par le toisé des murs droits construits soit en pierre, moellon ou brique; ensuite je parle des murs en fondation, des voûtes de caves de celles en berceau, d'arête, de cloître, etc. Je me suis servi pour les démonstrations du toisé de ces voûtes, d'opérations arithmétiques qui parlent beaucoup plus aux sens et à la raison que les lignes géométriques.

J'ai employé cependant quelques figures qui m'ont paru nécessaires pour compléter le toisé des voûtes. J'ai parlé ensuite de la taille des pierres, des ouvrages en plâtre appelés légers, leur mesurage, les ouvrages estimés à la pièce, et ceux mis à prix d'argent. A la suite de ce petit Traité du toisé de la maçonnerie, sont des tableaux indiquant l'espèce de matériaux employés dans les constructions avec les prix de ces différens ouvrages.

Le toisé de la charpente comprendra les différens usages, la manière dont le bois est vendu en grume sur le port; le nouveau Toisé métrique qui a aboli les anciens *usages* dans tous les travaux du gouvernement, mais qui subsistent encore dans les travaux particuliers, ces usages étant extrêmement profitables aux entrepreneurs. La couverture se toise en superficie; les entrepreneurs ayant introduit dans ce mesurage beaucoup d'usages, nous indiquerons ce qu'il convient d'accorder ou de retrancher. Nous donnerons successivement le Toisé de la menuiserie, serrurerie, carrelage, marbrerie, peinture, etc.; enfin de tous les corps d'état qui se rattachent au bâtiment.

Trop heureux si, à la fin de mon travail, j'ai rempli la tâche que je me suis imposée.

LE TOISÉ

DES BATIMENS.

TOISÉ DE LA MAÇONNERIE.

Échafauds.

Dans les constructions soit en pierre, moellon ou brique, faites en partie par reprise ou incrustation, il ne sera point compté d'échafauds; il en sera de même pour les ouvrages en plâtre. Si par suite de contestation ou autre motif, l'entrepreneur avait échafaudé sans exécuter les travaux, les échafauds lui seront comptés et toisés superficiellement. On distinguera ceux faits intérieurement de ceux faits à l'extérieur. La mesure des premiers sera la surface du sol qui leur servira de point d'appui, ou bien celle du plafond que les planches occuperont. La mesure des seconds sera celle de toute la hauteur du mur prise du dessus du dernier plancher de l'échafaud jusque sur le sol et la longueur du premier boulin ou de la première écoperche à la dernière. Les échafauds faits à l'extérieur pour rétablissemens partiels seront toisés sur la longueur et la largeur d'un seul plancher : il en sera de même des échafauds volans.

TOISÉ DES CONSTRUCTIONS EN PIERRE.

Moellon et brique.

Les murs de fondation, c'est-à-dire, ceux érigés dans les tranchées ou rigoles, seront toisés en cube. Les quartiers de pierre appelés libages seront désignés au timbre sous le nom de *pierre roche pour libage*.

Les murs de retombée des voûtes se toisent également dans leur longueur et hauteur, jusqu'à la naissance des dites voûtes, et ce premier produit est multiplié par leur épaisseur. Les voûtes, de même que les murs, se comptent en cube, mais sous un timbre différent que ces derniers. Dans tous les cas le remplissage des reins sera soustrait du toisé de la voûte. La mesure des voûtes ordinaires pour caves, sera prise sur la largeur des deux murs de retombée ; et, pour la hauteur, depuis la naissance jusqu'à l'extrados, ou bien, si les reins ont un massif dessus, jusqu'à la rase de ce massif.

Soit (fig. 1re.) une voûte en plein ceintre M : si du rectangle A D j'ôte la superficie M, le restant, divisé par la ligne BH ou par la ligne AB, donnera au quotient des lignes qui seront entre elles comme leur diviseur. Cette déduction étant faite, le pourtour des voûtes plein cintre sera compté de la manière suivante. A la longueur du diamètre, on ajoutera les sept vingt-quatrièmes, que l'on multipliera par la longueur de la voûte, et cette surface par son épaisseur; on aura alors le cube seul de la voûte, et, en déduisant de ce cube le second produit, le reste donnera le produit des reins et du massif de la voûte. Soit le diamètre CD de 12 pieds : en ajoutant les sept vingt-quatrièmes de 12, ou 3 pieds 6 pouces, on a 15 p. 6°. Maintenant si l'on multiplie cette surface par la longueur de la voûte, que je suppose être de 24 p., l'on obtient un produit de 372 p. pour surface de la longueur de la voûte; et en multipliant ce dernier produit par un pied 6°, l'on aura un cube de 558 pieds. Si de ce cube on retranche le produit 372, il restera 186, représentant le cube des reins et du massif. On a calculé que, pour connaître le pourtour des voûtes en berceau de divers rayons dont la mesure serait prise dans l'épaisseur, les pénétrations dans les murs de culée étant déduites, on aura la mesure réduite de la circonférence lorsque le diamètre ou le rayon seront connus. Ainsi, le rayon étant la moitié du diamètre, on ajoutera les sept vingt-quatrièmes de diamètre pour avoir le pourtour réduit de la voûte ; le rayon étant les cinq douzièmes, le quart du diamètre ; le rayon étant le tiers, les cinq vingt-quatrièmes ; *idem*, le quart, le neuvième ; *idem*, le sixième, le douzième ; *idem*, le huitième, le dix-huitième. Si la voûte est construite en moellon et qu'il y ait des arcs ou chaînes en pierres dures, après avoir toisé le pourtour de ces arcs comme il vient d'être dit, en ajoutant au diamètre les sept vingt-quatrièmes, cette somme sera ensuite multipliée par la longueur du plus grand claveau au plus petit, et le produit par son épaisseur. Ces arcs ou chaînes seront comptés séparément et portés dans les mémoires sous le timbre *arc sur voûte en pierre dure.*

Les arêtes des lunettes qui se trouvent dans les voûtes en berceau ainsi qu'aux

autres voûtes, se toisent aux pieds cou-
rans de léger, si la voûte est en moei-
lons ; si au contraire elle est en pierre,
les arêtes se comptent comme taille de
pierre dure.

Lorsqu'aux grandes voûtes en berceau
il se fait de grandes lunettes, on toise ces
lunettes à part comme voûtes d'arête
sans reins.

Voûtes en berceau d'arête et de cloître.

La voûte d'arête et celle de cloître sur
un même plan, sont ensemble égales à deux
fois la superficie d'une voûte en berceau,
sur la même hauteur et sur le même plan,
parce que la voûte de cloître est composée
de deux portions de voûte en berceau qui
se croisent dans les angles ; et la voûte d'a-
rête est composée de quatre lunettes, dont
deux sont le supplément de ce qui manque
aux deux bouts d'une des portions de la
voûte de cloître de même cintre sur le
même plan pour en faire une voûte en
berceau.

Ainsi, soit une voûte en berceau de 14
pieds de diamètre et de 14 pieds de longueur : la superficie réelle et géométrique
est de 308 pieds, dont le double est 616

pieds, produit que doivent donner une voûte d'arête et une voûte de cloître, ayant chacune 14 pieds de longueur et 14 pieds de diamètre.

Pour avoir la superficie d'une voûte d'arête, il faut ôter la longueur du diamètre de celle de la circonférence, prendre le quart du restant, l'ajouter au même diamètre, et en multiplier la somme par la longueur d'un côté.

Soit (fig. 2), le côté AB ou AC de 14 pieds de diamètre, sa circonférence sera 22. Otez de cette circonférence 22, le diamètre 14, il restera 8 dont le quart est 2. Ajoutez ce quart au diamètre 14, ces deux nombres réunis donneront la somme de 16, qui, multipliée par 14 longueur d'un côté, donnera au produit 224 pour la superficie intérieure de la voûte. Le rapport de la voûte d'arête à la voûte de cloître est dans la proportion de 4 à 7, et toutes deux jointes ensemble donnent 11 et sont égales à la superficie d'une voûte en berceau, pleincentre, de la longueur de toutes deux.

Une simple proportion fera trouver les superficies de ces voûtes : il faut toiser la voûte d'arête telle qu'elle se présente dans œuvre de son diamètre, comme si c'était une voûte en berceau, y ajouter le sep-

tième géométrique, en doubler la superficie, et dire 11 : 4 comme le double de la
superficie est à la superficie de la voûte
d'arête dont il s'agit. Ainsi, soit la voûte
d'arête sur un plan rectangle de 18 pieds
de longueur et de 14 pieds de diamètre ; la
circonférence 22, étant multipliée par 18,
produira 396 dont le double est 792 ; ainsi
la proportion 11 : 4 :: 792 : x donnera
288, quotient exprimant la superficie de la
voûte d'arête.

Pour quelque espèce de voûte de cloître
que ce soit, sur des plans carrés, il faut
ajouter à la circonférence du pourtour de
la voûte les trois quarts de la différence qui
est entre cette circonférence et son diamètre, et les multiplier par la longueur de
la voûte.

Ainsi, supposons que le diamètre de la
voûte en arc de cloître soit de 14 pieds, et
de 14 pieds de longueur, en plein cintre,
la circonférence est 22, son diamètre 14,
leur différence 8, dont les trois quarts 6,
ajoutés à la circonférence donnent 28, qui
multiplié par la longueur 14, produit 392
pieds pour la superficie de la voûte.

Nous avons dit que les voûtes d'arête
étaient en raison des voûtes de cloître,
comme 4 : 7, conséquemment celles de cloî-

tre sont à la superficie des deux voûtes, comme 7 : 11 ; ainsi le double de la superficie de la voûte de cloître, toisée comme voûte en berceau, est à la superficie de cette voûte de cloître comme 7 : 11. Soit la voûte de cloître sur un plan rectangulaire de 18 pieds de longueur et de 14 pieds de diamètre : sa circonférence est 22 qu'il faut multiplier par la longueur 18, le produit sera 396 et le double 792. Ainsi, en établissant notre proportion 11 : 7 :: 792 : x, le quatrième terme est 504 qui exprime la superficie de la voûte de cloître.

Il en sera de même pour les voûtes de cloître surmontées et surbaissées. Si ces voûtes sont sur des plans obliquangles ou trapèzes, il faut les réduire en rectangles réguliers.

Les voûtes de cloître se font souvent sur des plans polygones réguliers en plein cintre surmontés ou surbaissés. Dans ce cas, il faut multiplier le pourtour du plan, pris au droit de la naissance de la voûte, par la montée de la voûte. Ainsi, soit une voûte d'arête sur un plan de 14 pieds sur tous sens et élevé en plein cintre ; son pourtour sera 56, qu'il faut multiplier par la moitié 7, et le produit sera 392 pour la superficie intérieure de cette voûte. Les voûtes sphé-

riques, dites cul de four, se toisent en multipliant la circonférence du plan de la
voûte par la perpendiculaire prise du dessous de la première retombée jusque sous
le milieu de la clef. Les voûtes en cul de
four dont le plan est rond et la montée
surbaissée, se toisent encore de la même
manière. Celles à pans se toisent à leur pourtour à leur naissance sur chacun des pans
développés, comme il a été dit aux arcs de
cloître.

Les voûtes dites pendentives, étant dans
l'espèce des voûtes sphériques tronquées,
dont les sections sont les murs sur lesquels
elles sont posées, se toisent comme si elles
étaient des voûtes sphériques entières, et
l'on soustrait ensuite les segmens de sphère
formés par les murs.

Les voûtes en cul de four, sur un plan
ovale, étant considérées comme un sphé-
roïde, on obtiendra leur toisé de cette
manière : on commencera d'abord par connaître la superficie de la sphère et on aug-
mentera cette superficie suivant la proportion du petit axe au grand. Ainsi si le grand
axe de la voûte ovale est 10, le petit axe 7,
la superficie de la voûte étant 77, en établissant la proportion : le petit diamètre est
à la superficie de la voûte comme le grand

axe est à un quatrième terme, ce quatrième terme donnera la superficie requise. Les trompes circulaires ou ovales se toisent en multipliant d'abord la circonférence du plan représenté par la hauteur totale de la voûte; et ensuite, pour avoir la hauteur des quatre trompes proposées, on soustrait de la superficie totale de la voûte, les quatre parties tronquées g. h, x, y (Voy. fig. 3.); puis, pour avoir la superficie des arcs qui forment les quatre entrées, on multiplie la moitié de leur circonférence par la hauteur g, f: ajoutant ce produit aux quatre parties tronquées g, h, y, X, l'on a un nouveau produit que l'on retranche de la superficie totale de la voûte, et ce reste donne la superficie totale des quatre trompes.

S'il s'agit de mesurer une trompe droite par devant, il faudra multiplier la circonférence par le tiers d'une ligne qui tombe de l'angle C (fig. 4), sur la ligne A B, et la moitié de ce produit donnera la surface intérieure de la trompe. On ajoute à cette surface, la moitié de la tête des pierres qui font l'épaisseur du cintre pour une demi-face, il faut encore ajouter un pied pour l'arête intérieure.

Les trompes sur le coin, si la trompe est

sous un angle droit, c'est-à-dire que les deux angles ABC, AEC soient droits, il faut supposer que le cintre AFG soit fait de deux quarts de cercle, on prendra la circonférence de l'un des quarts de cercle, et l'on multipliera cette circonférence par le tiers de AE perpendiculaire sur AB ; la moitié du produit sera la surface intérieure de la voûte.

Les trompes en niche, dont le plan et le cintre sont en demi-cercle, ont une partie élevée d'aplomb jusqu'à la naissance du cintre ; cette partie est un demi-cylindre qui peut être mesurée comme les voûtes en berceau, c'est-à-dire en multipliant la circonférence par la hauteur du cylindre ; et pour la mesure du cercle soit en cintre ou autrement, la moitié du cercle par la moitié du diamètre : les faces des pieds-droits seront comptées séparément.

Les voûtes cintrées sur noyau se toisent en prenant la circonférence des murs et celle du noyau ; les ajouter ensemble, et en prendre la moitié qui, multipliée par la circonférence du cintre, donnera la mesure requise.

Le toisé de la vis Saint-Gilles se fait de même, excepté qu'il faut prendre la circonférence selon la ligne courbe rampante le long des murs et du noyau. Il y a deux manières de toiser la vis Saint-Gilles : 1°. de mesurer la longueur des murs et d'un noyau, de les ajouter ensemble, et d'en prendre la moitié ; 2°. de prendre le diamètre entre les deux murs sur le niveau de la première voûte. Quand on a la circonférence selon le niveau, il la faut augmenter suivant la diagonale d'un triangle rectangle qui aura pour base cette circonférence et pour hauteur celle de la rampe de la voûte. Prenez la racine de ces deux carrés, et vous aurez la circonférence requise.

La vis Saint-Gilles carrée se toise en ajoutant ensemble les quatre côtés au pourtour du noyau, et de leur addition en prendre la moitié que l'on multipliera par le contour intérieur.

Pour avoir le toisé d'un puits circulaire, on ajoutera le diamètre intérieur à l'épaisseur circulaire, et l'on multipliera cette somme par trois un septième : ce produit, qui représente la circonférence moyenne, sera multiplié par la hauteur du puits depuis la hauteur du rouet jusqu'au-dessous de la pierre qui forme la mardelle ; on comptera à part la valeur de cette mardelle. Pour les puits non circulaires, l'on ajoutera le grand axe au petit, on prendra la moitié de cette somme à laquelle on joindra l'épaisseur du mur ; la somme résultante sera le diamètre moyen qu'il faudra multiplier par trois un septième : ce produit sera le pourtour du puits. Les murs, soit en pierre ou en moellon, seront comptés en cube comme nous venons de le dire, excepté les dalles de 2 p. d'épaisseur et au-dessous qui seront comptées en superficie. Il est bien entendu que la taille des lits et joints et celle des paremens seront comptées séparément. Chaque pierre sera timbrée suivant sa nature, en indiquant la hauteur réduite des assises et déduction faite des vides.

La pierre qui aura une autre forme que celle rectangulaire, sera mesurée par équarrissage suivant le prisme circonscrit qu'elles auront en œuvre, excepté la figure du trapèze qui proviendrait d'un rectangle, et qui aurait eu cette figure par le moyen d'un sciage, comme une assise de bahu dont le dessus serait de pente, et dont le dessous serait de forme horizontale.

Pour l'évidement des angles, on toisera le cube primitif, et de ce cube on soustraira celui de la pierre mise en œuvre ;

la partie restante sera celle de la pierre évidée.

Dans les timbres on aura soin d'annoncer la nature de toutes les différentes pierres, la nature de toutes les distances d'où elles ont été amenées au chariot, et à quelle hauteur elles ont été placées. On devra distinguer, à cause du déchet, les assises d'égale hauteur, d'avec celles qui ne le sont pas; et comme la pose n'est pas la même pour tous les ouvrages, on timbrera séparément, 1.° la pierre qui sera employée en assise et parpaings ordinaires; 2.° en assise isolée comme fût de pilastre et de colonne; 3.° plate-bande pour fermeture de baie; 4.° en voussoirs pour voûte en berceau d'arête et arc de cloître; 5.° les marches, seuils et appuis; 6.° la pierre pour dalles, gargouilles, canivaux, cuillères et châssis; 7.° celles pour bornes et auges; 8.° les libages; 9.° celles pour assises posées en reprise en grandes ou en petites parties; enfin les incrustations faites par carreaux isolément placés. La vieille pierre de démolition réemployée sera toisée de même que la pierre neuve. Quant à la taille des lits, des joints et des paremens, on aura soin de désigner celles qui auront été refaites. L'arrondissement des assises carrées pour en former des tambours de colonnes, l'épannelage ou l'ébauche des grandes moulures, seront, de même que la pierre en œuvre, comptés en cube et comme toute matière jetée bas à la pioche et autre. La mesure sera prise sur la pierre équarrie et non d'après sa forme primitive et brute. Cette matière jetée bas, sera timbrée sous le nom d'évidement et déchet.

Ce toisé comprendra en outre la taille accidentelle et préparatoire des lits, la portion des paremens. On ne comprendra pas sous le nom d'évidement, les noyaux enlevés à la scie, comme on le pratique lorsque d'une même assise on forme deux marches jumelles ; dans ce cas, on ne mesure que la pierre en œuvre, et les sciages pour opérer l'évidement, sont considérés comme paremens.

Les évidemens faits à la masse et au poinçon seront toisés en cubes ; mais ils seront timbrés refouillement et déchet : observant de distinguer les refouillemens faits entre trois côtés conservés d'avec ceux qui auront été faits entre quatre côtés conservés ; et ceux-ci, des refouillemens pour l'ouverture des soupiraux.

La taille des lits au droit de ces creuse-
mens fera partie de leur estimation, ainsi
que pour les évidemens ci-dessus, qui ne
peuvent être comptés que pour main d'œuvre, et seront timbrés sous le nom d'évidemens simples.

L'évaluation de tous les refouillemens
faits sur le tas, comprendra l'équarrissage,
le dressage des arêtes extérieures faites
au pourtour des ouvertures, et les ci-
selures.

Les tailles qu'on nomme parement seront toisées en superficie, soit qu'elles
soient faites au moyen de la scie ou du
marteau, et timbrés sous le nom de parement.

Les paremens layés ou ordinaires seront timbrés comme parement layés.

Ceux qui ne sont qu'ébauchés à la
pointe ou rustiqués, seront timbrés sous
cette dénomination. On distinguera de
même les paremens circulaires, de ceux des
embrasemens évasés portant feuillures,
les doubles ou seconde taille. Dans ces
tailles on distinguera celles propres à
former des jets d'eau sur des appuis de
croisée, des canivaux sur des dalles, ou
autres recreusemens, comme pour pierres
d'éviers de celles faites d'après le piochage

pour les évidemens. On séparera les tailles cintrées convexes ou concaves pour des tambours de colonnes ou des gargouilles, des tailles faites d'après des refouillemens carrés. Les ragrémens faits sur le tas après la pierre posée, se comptent en superficie.

On distinguera les ragrémens ordinaires de ceux exécutés sur assises cintrées ou des corps de pilastre isolés; on timbrera particulièrement les ragrémens sur colonne, les coupemens de balèvres sur des dallages, des tablettes et sur des marches.

Le mesurage de ces diverses tailles ne comportera que la hauteur réelle et la largeur des parties visibles, en pourtournant toutefois les avant et arrière-corps, mais sans rien ajouter soit pour les arêtes saillantes ou rentrantes, soit pour toute autre ressaut ou saillie.

La mesure des embrasures des portes et des croisées, sera celle de l'épaisseur du mur, les feuillures comptées en superficie. La taille appelée *dérasement* et qui se fait sur le tas pour dresser et mettre de niveau un certain nombre de cours d'assises sera évaluée en journées.

Les moulures d'entablement de corniche, etc. , seront pourtournées au cordeau, et le développement multiplié par la longueur prise sur le membre de moulure le plus long du profil, l'on comptera d'abord l'évidement en cube; il sera ensuite accordé une plus value par chaque membre de moulures considéré comme taille simple de petite dimension et estimé en temps; la taille préparatoire avant les épannelages ne sera point comptée. Les moulures cintrées ou circulaires, telles que celles des bases ou chapiteaux de colonnes seront évaluées en plus des moulures droites, et cela dans le rapport qui existe entre la taille droite et la taille circulaire faite sur des parties de petit diamètre.

Les sciages visibles qui tiendront lieu de parement, ceux cachés et qui servent de lits ou de joints, seront considérés comme taille de lits joints.

Les sciages qui auront disparu par l'effet d'une taille subséquente, ce qui arrive lorsque ces sciages ont eu lieu sur les deux, les trois et même les quatre faces des assises d'un fût de colonnes; les sciages faits pour le débit des plates-bandes et qui ont disparu par la taille en coupe faite après coup et que l'on ne compte point dans le toisé lorsque ces pierres sont mesurées par équarrissage, seront considérés comme sciages, et la taille des paremens comptées à part. Leur mesure sera prise d'après le parallélogramme des pierres, et la mesure des paremens taillés dessus le sera suivant sa forme en œuvre.

Les recoupemens d'anciens paremens de mur seront toisés comme les paremens sur murs neufs, déduction faite des vides et ne comptant que ce qui est apparent sur la face des murs, sur les tableaux de base, et en développant tous les corps saillans, sans rien ajouter à la mesure pour les différens angles, pour la retraite des entablemens, corniches; et le développement en sera fait comme pour la pierre neuve, et timbrée sous le nom de *retaille d'entablement.*

Les feuillures autres que celles d'embrasures de porte et de croisée, seront comptées à part de la taille des paremens et mesurées en linéaire; il en sera de même des refends que l'on taille sur les murs pour marquer les joints par assises. Pour ces différens ouvrages, on aura soin de faire connaître la dimension de chacun d'eux, leur forme et l'espèce de pierre sur laquelle on aura fait ces tailles. Les triglyphes,

gouttes, modillons, consoles, etc., seron
comptés à part des paremens de mur
par élévation.

La taille des trous et entailles ser
évaluée suivant la grandeur et la profon
deur de chacun d'eux; au timbre on aur
soin d'indiquer l'espèce de pierre dans l
quelle ils auront été creusés.

Les murs construits en moellon o
meulière seront, de même que ceux e
pierre, comptés en cube, tout vide dé
duit. Pour les portes et les croisées, l
vide sera mesuré au-dessus du linteau
l'épaisseur des murs sera prise au n
de la pierre. Il est bien entendu qu
les crépis et enduits seront mesurés e
comptés séparément. Il est nécessaire d'in
diquer au toisé, comme au timbre, si le
murs ont été hourdés en mortier ou plâtre
par rapport à la main-d'œuvre. On portere
sous le timbre *massif*, les massifs en géné
ral, les reins de voûte, les scellemens de
bornes, de poteaux, de dés. Dans les ou
vrages en moellon ou meulière, on distin
guera : 1°. les murs faits à un parement,
comme murs de cave; 2°. les murs de clô
ture, de ceux d'habitation; 3°. les murs
mitoyens, de ceux de refend qui se trou
vent percés d'ouverture pour des baies de

porte et pour des passages de cheminées ;
4°. les murs de face qui sont percés d'un
grand nombre de baies, seront distingués
des murs de refend ; 5°. au toisé et au timbre, on distinguera également les constructions faites pour les fosses d'aisance. La
mesure des murs de clôture sera prise au
haut du chaperon sans rien déduire. Lorsque ces murs seront faits à façon, il sera
ajouté deux pieds à cette hauteur eu égard
à la main-d'œuvre des deux larmiers, au
placement des petites pierres en forme de
bahut et du crépis fait circulairement dessus ; la pose et scellement des linteaux en
bois seront comptés séparément et estimés
en léger. Le toisé des crépis et enduits se
fera de même que celui des murs, tout vide
rabattu. Toutefois, on aura soin de compter les enduits faits sur les tableaux et embrasures des baies. On distinguera dans le
timbre, les ouvrages faits sur un plan circulaire d'avec ceux faits sur un plan
droit.

On distinguera au toisé et au timbre, sous le nom de *paremens esse-
milés*, ceux dont le moellon, avant d'ê-
tre mis en place, sera taillé grossièrement
sur ces lits et joints et paremens, ils seront
comptés comme les enduits.

On distinguera de même les paremens de *moellons piqués*, en les séparant de la valeur du corps du mur. Il en sera de même des paremens circulaires, *id.* ceux taillés sur moellon tendre d'avec ceux taillés sur moellon dur. Les vieux murs seront toisés comme les neufs et timbrés sous la dénomination *vieux murs*.

Les murs en brique, de même que les voûtes et les massifs, seront comptés en cube. On distinguera au toisé et au timbre s'ils ont été hourdés en plâtre ou mortier. L'espèce et la qualité de la brique, les crépis et enduits seront comptés comme pour les murs en moellons. La brique employée d'un seul rang sur l'épaisseur, comme pour tuyaux de cheminées et autres ouvrages, sera comptée en superficie. Dans le toisé des tuyaux on déduira l'épaisseur des costières, et on ajoutera pour celles-ci, comme pour celles de refend, deux pouces pour chaque arrachement, et pour les harpes en liaisons de ces briques dans les murs.

Pour la hauteur, elle sera prise sous la plinthe, et sera toisée selon les longueur, largeur et hauteur ; on déduira le vide du passage de la fumée. Le reste sera pour la saillie, la taille et la gorge.

On peut comprendre dans le toisé des tuyaux les crépis et les enduits faits dessus. La brique employée à des reconstructions en souches de cheminées est comptée séparément.

Légers ouvrages.

Les légers ouvrages se comptent au toisé, soit en superficie ou en linéaire, ou à la pièce. Les plafonds seront mesurés en superficie, sans avoir égard aux corniches : il sera ajouté pour ceux faits avec angels *cinq douzièmes* à la surface réelle pour plus-value. Ceux placés sous marches d'escalier et faits sur lattis jointif, seront toisés comme plafonds droits, sans ajouter de plus-value. Il sera ajouté un dixième en plus value aux plafonds cintrés en plan ou en élévation. Les corniches en plâtre seront développées au cordeau, et ce développement multiplié par le pourtour : il ne sera rien ajouté pour le coupement des angles.

Dans les ravalemens, les hachis, crépis et enduits sur vieux murs ou pans de bois, se comptent au tiers de léger. Les mêmes sur murs neufs au quart de léger. Les crépis seuls se comptent au sixième de léger. Les naissances ou raccordemens quelconques seront comptés en superficie ; il en sera de même des tableaux ou embrasures de toutes baies.

Les feuillures seront développées et comptées avec la largeur du tableau.

Les pans de bois ou cloisons se toisent en superficie, déduction faite des vides. Une cloison hourdée, dite légère, et enduite des deux côtés, se compte pour une toise de léger ; si l'enduit n'existe que d'un seul côté, moitié.

Le recouvrement en plâtre des tuyaux de descente, se compte pour un quart de léger. Les fermetures faites sur les murs de dossier par le haut des cheminées, les plinthes au pourtour de ces mêmes tuyaux, les bandeaux et appuis de croisée, les petits et grands solins, les collets de marche, les joints, le remplissage des joints entre les vieilles assises de pierre, le bouchement de crevasses sur les murs, cloisons et plafonds, les petits joints gravés sur ravalement, les grands refends faits à la règle seront comptés linéairement, sans rien ajouter pour les angles de retour.

Les ouvrages qui se comptent à la pièce s'estiment ainsi :

Un siége de commodité, en plâtras et plâtre, douze pieds de légers.

Les trous et scellemens des poutres en pierre de taille se comptent pour douze pieds de léger chaque bout. Les mêmes, en murs de moellon, 9 pieds, y compris raccordement ; les mêmes en plâtras, 6 pieds.

Si ces percemens se font pour le passage d'un chevalement, après avoir compté son scellement pour neuf pieds, on ajoute neuf autres pieds pour son descellement et rétablissement.

Les trous, tranchées et scellement des solives, soliveaux, chevêtres tant de fer que de bois, des sablières, marches d'escalier de pierre ou de bois, ceux des paliers, des plates-formes, pannes, liens, faîtage, etc., faits en pierre, se comptent un pied de léger ; en moellon et plâtras pour six pouces.

Une mitre en plâtre sur tuyaux neufs se compte pour six pieds de léger ; une *id.* sur tuyau vieux, neuf pieds ; *id.*, mitre à la Fongerole sur tuyau neuf, quinze pieds ; une *id.* sur tuyau vieux, dix-huit pieds.

Les denticules de quinze lignes, avec filet ou languette réservée au fonds taillée dans du plâtre neuf, quatre pouces. Les mêmes, de deux pouces un quart, six pouces.

Démolition.

La démolition de la pierre sera comptée en cube, quelle que soit la qualité, déduction faite des vides. Il sera expliqué au timbre si la pierre a été descellée et jetée en bas, ou descendue à bras, ou bien à la chèvre ; on indiquera également le bardage de la pierre qui aura été déplacée soit au rouleau, soit au chariot. Les ouvertures de baies seront comptées en cube : on indiquera dans le toisé l'espèce de pierre démolie, celle descellée : *id.* piochée sur place, la taille rustiquée à la pioche sur la pierre restante, mais on ne comprendra point dans ce toisé le layage de parement à l'intérieur de la baie ouverte, non plus que la taille des carreaux qui pourraient avoir été remis pour remplir les arrachemens.

La démolition des murs en moellon et celle en meulière seront comptés en cube et confondues, lorsqu'ils seront hourdés en plâtre. Mais lorsque la meulière sera hourdée en mortier, son cube sera compté séparément. Les démolitions qui auront précédé des reprises de quelque nature qu'elles soient, de même que les ouvertures de baies seront comptées en cube et chacune d'elles formera un article séparé. Si, après avoir été démolis, le moellon et la meulière ont été nettoyés avec soin de leur hourdage, il en sera fait mention au toisé comme au timbre. Il en sera de même, si les matériaux ont été transportés et entoisés. La démolition de la brique sera, de même que celle du moellon et de la meulière, comptée en cube. La démolition des tuyaux de cheminée étant faite avec soin, pour conserver la brique, pourra se compter en cube superficiellement ou seulement le nombre de briques propres à être réemployées. Pour la démolition des ouvrages en plâtre, il sera mieux de l'estimer en temps, qui aura été préalablement reconnu soit par le propriétaire ou l'architecte chargé de la conduite des travaux. Il en sera de même pour la descente des gravats à la hotte ou jetés seulement par les fenêtres et réunis en tas. L'enlèvement de ces gravats aura lieu par tombereaux qui auront été reconnus et vérifiés soit par le propriétaire lui-même ou un de ses agens. Il est plus convenable, après avoir vérifié si le tombereau est bien plein, de donner un cachet au gravatier.

Les clous à bateau et rapointis seront comptés à l'entrepreneur ou fournis par le propriétaire.

TABLEAU DES PRIX

DES

OUVRAGES DE MAÇONNERIE.

Pierre avec lits et joints, bardage, etc.

	Prix de la toise cube.		Prix du mètre.	
	fr.	c.	fr.	c.
Pierre de liais assise d'appareil réglé.	1069	85	144	63
Assise courante et parpaing.	1000	98	135	31
Appui, marche, seuil.	1052	90	142	33
Dalle de 3 pouces d'épaisseur et au-dessus.	1285	64	173	80
Dalle de 2 pouces en superficie.			86	39

Pierre de roche avec lits et joints, bardage, etc.

	fr.	c.	fr.	c.
Pierre de roche, pour libage en fondation.	629		84	
Id. appareil réglé				
Assise courante et parpaing.	737	30	104	50
Id. pour arcs et plates-bandes.	925		125	
Marches, seuils, appuis, dalles de 3 pouces et au-dessus.	821	40	111	

Pierre franche avec lits et joints, bardage, etc.

	Prix de la toise cube.	Prix du mètre.
	fr. c.	fr. c.
Pierre franche, appareil réglé. Encoignures.	52 65	71 72
Id. parpaing.	630	86 52
Id. pour arcs et plates-bandes.	720 95	98 81
Id. appui, marche, seuil.	630	86 52
Dalle de 3 pouces et au-dessus.	597	80 58

Pierre Vergelai, St.-Leu, Lambourdes, compris taille de lits et joints.

	fr. c.	fr.
Pierre pour piles d'angle, dosserets, trumeaux, depuis le rez-de-chaussée jusqu'aux têtes de cheminées.	522 80	71
Id. pour arcs et plate-bandes	629	85
Hauteur et dimension symétrique.	651 20	88

Pierre Conflans, compris taille de lits et joints.

	fr. c.	fr. c.
Assise d'appareil réglé.	871	117
Id. ordinaire.	809	109 41
Id. Arcs et plate-bande	864 20	116 82

Pierre parmin, etc.

	fr.	c.
ssise d'appareil réglé.	...	98
ssises courantes	689	93
laveaux pour plates-bandes.	716	96

L'on observera que les morceaux de ierre d'échantillon ont une valeur bien lus grande par la difficulté du travail de 'extraction du bardage et de la pose.

Pierre vieille, retaillée sur ses lits et joints, bardée, etc.

	Prix de la toise cube. fr. c.	Prix du mètre. fr. c.
a vieille pierre, comme il est expliqué, peut être évaluée terme moyen.	228 92	30 99
ieille pierre pour bardage et pose d'an parpains, appar. pierre d'évier, ar- gouille, etc.	149	20 18
épose d'assise.	54	8 97

Pierre pour évidement et déchet.

	fr.	fr.
Pierre de roche.	925	125
d. Pierre franche de St.-Leu, Vergelas, Lam- bourdes.	555	75

Refouillement entre trois côtés conservés.

	Prix de la toise cube.	Prix du mètre.
	fr. c.	fr. c.
Liais.	453 o4	63 94
Roche.	388 44	5a a6
Pierre franche.	a74 84	36 20
Vergelai, Saint-Leu, Lambourdes.	18a 92	a5 o4

Refouillement entre quatre côtés conservés.

	fr. c.	fr. c.
Liais.	53o	73
Roche.	447 12	6o 4o
Pierre franche.	3o4 56	4t 17
Vergelai, Saint-Leu, Lambourdes.	a33 a8	3r 53

Refouillement sur le tas avec la pioche.

	fr. c.	fr. c.
Liais.	43r ao	56 54
Roche.	343 44	46 4a
Pierre franche.	a33 a8	3r 53
Vergelai, Saint-Leu, Lambourdes.	17o a8	a4 3o

Refouillement sur le tas à la masse et au poinçon.

	toise linéaire.		mètre linéaire.	
	fr.	c.	fr.	c
Liais.	639	52	86	72
Roche.	531	56	71	83
Pierre franche.	367	20	49	64
Vergelai, Saint-Leu, Lambourdes.	228	95	3o	95

Ouvrages comptés en superficie.

Paremens Layés.

	toise super.		mètre superf.	
	fr.	c.	fr.	c.
Liais.	27	62	7	28
Roche.	22	85	6	o3
Pierre franche.	20		5	5o
Vergelai, Saint-Leu, Lambourdes.	8	56	2	26
Parement de téte mise en ligne.	8	56	2	26

Taille réelle.

	fr.	c.	fr.	c.
Liais.	36	74	9	74
Roche.	31	28	8	25
Pierre franche.	25	85	6	84
Vergelai, Saint-Leu, Lambourdes.	14	95	3	95

Ouvrages comptés à la toise linéaire.

	Prix de la toise lin.	Prix du mètre lin.
	fr. c.	fr. c.
Feuillure taillée sur l'arète de la pierre de 12 a 15 lignes.	1 60	0 82
Feuillure, *Id.*, 2 pouces et demi carré	2 37	1 21
Petit refend d'appareil de 6 lignes et de 3 lignes de profondeur.	1 08	0 55
Grand refend carré ou refend triangulaire d'environ 15 lignes de profondeur.	2 73	1 40
Id. mais les arètes saillantes arrondies, ou chanfreinées.	3 85	1 97
Id. d'environ 21 lignes de largeur sur 15 lignes de profondeur, à double filet sur le devant, les arètes carrées ou arrondies.	5 87	3 00

Ouvrages en moellons.

	fr. c.	fr. c.
Moellon hourdé avec chaux et sable de rivière ou plâtre, employé comme massif.	130	17 44
Id. en fondation, compris mise en ligne et jointoyement.	150 13	20 50
Id. pour voûte de cave, les reins comptés dans le cube de la voûte.	160 80	22
Id. en élévation a partir du dessus du sol jusqu'aux têtes de cheminées.	170 20	23
Mur circulaire de cave, moellon taillé.	210 90	28 50
Mur *Id.* en reprise et dans l'embarras des étaies.	177 24	23 95
Id. en reprises ordinaires.	179 84	23 10
Id. par petites reprises.	174 70	23 60

Moellon fourni par le propriétaire.

	Prix de la toise cube.	Prix du mèt. cub.
	fr. c.	fr. c.
Massif avec fourniture de mortier ou plâtre.	55 51	7 50
Id. en fondation, compris mise en ligne et jointoyement.	73 44	9 92
Id. pour voûte de cave, les reins comptés dans le cube de la voûte.	70 64	9 55
Id. en élévation à partir du dessus du sol jusqu'aux têtes de cheminées, prix moyen.	79 84	10 80
Mur circulaire de cave, moellon taillé.	108 75	14 70
Mur en reprise et dans l'embarras des étaies.	86 24	11 64
Id. en reprise ordinaire.	79 84	10 80
Id. par petites reprises.	83 70	11 30

Ouvrages en moellon comptés en superficie.

	fr. c.	fr. c.
Jointoyage simple.	1 89	0 50
Paremens essemilés et jointoyés.	7 59	2
Paremens piqués avec soin et jointoyés.	17 19	4 50
Id. *Id.* mais circulaire.	12 80	5 75

Ouvrages en meulière.

	fr. c.	fr. c.
Massif hourdé en mortier ou plâtre.	177 60	24

	Prix de la toise cub.	Prix du mèt. cub.
	fr. c.	fr. c.
Mur en élévation à 2 paremens, mortier, et sable.	199 80	27
Id. voûte, compris la pose des couchis.	210 90	28 50
Mur de fosse, mortier de chaux et sable.	189 70	25 64
Voûte de fosse en mortier de chaux.	195 47	26 42

Ouvrages en meulière du propriétaire.

	fr. c.	fr. c.
Massif hourdé en mortier ou plâtre.	86 24	11 64
Mur en élévation à 2 paremens, mortier de chaux et sable.	86 74	11 72
Id. Voûte, compris la pose des couchis.	98 63	13 33
Mur de fosse.	78 05	10 54
Voûte de fosse.	83 82	11 88

Ouvrages en meulière comptés en superficie.

	fr. c.	fr. c.
Parement de mur de clôture , jointoyé avec de petite meulière cassée.	1 22	32
Surface de rocaillage avec meulière concassée et mortier.	15 19	4
Jointoyage seulement avec mortier.	4 55	1 20
Surface d'enduit et mortier de chaux de Senonche.	28	7 38

Ouvrages en plâtras et plâtre.

	Prix de la toise cube.		Prix du mèt. cub.	
	fr.	c.	fr.	c.
Plâtras employés en massif.	98	3o	13	29
Id. pour clôture.	107	92	14	59
Id. pour pignons, ou toute autre élévation.	116	88	15	79
Id. pour dossier de souche de cheminée.	170	47	19	1

Plâtras du propriétaire.

	fr.	c.	fr.	c.
Plâtras pour massif.	69	13	9	34
Id. pour clôture.	78	75	10	64
Id. pour pignon ou toute élévation.	87	92	11	38
Id. pour dossier de souche de cheminée.	91	57	12	37

OUVRAGES EN BRIQUES.

Brique de Bourgogne.

	Prix de la toise cube.	Prix du mèt. cub.
	fr. c.	fr. c.
Mur de face bourdé en plâtre.	529 44	71 57
Id. pour voûte.	545 17	73 22
Brique de Sarcelle pour mur de face.	434 48	58 72
Id. pour voûte.	451 03	60 09

Ouvrage en briques compté à la toise superficielle.

	Toise superf.	mètre superf.
	fr. c.	fr. c.
Brique de Bourgogne, tuyaux de 4 p. d'épais	32 43	8 56
Id. 2 pouces *Id.*	17 20	4 54
Id. de 4e. pour tête de cheminées rétablies.	33 73	8 90
Id. de Montereau, tuyaux de 4 pouces.	34 01	8 97
Id. de Paris. *Id.*	27 25	7 19
Id. 2 pouces.	13 87	2 73
Id. de Sarcelle 4 pouces.	22 70	5 98
Id. 2 pouces.	13 23	3 50
Id. de 4 p. pour têtes de cheminées rétablies.	24 09	6 35

Ouvrage sans fourniture de la brique.

	Prix de la toise cube.		Prix du mét. cub.	
	fr.	c.	fr.	c.
Brique de Bourgogne pour mur de face.	101	18	13	20
Id. pour voûte.	116	91	15	80
Id. de Sarcelle, pour mur de face.	122	14	16	50
Id. pour voûte.	136	69	18	48

Ouvrages comptés à la toise superficielle.

	fr.	c.	fr.	c.
Brique de Bourgogne de 4 pouces pour tuyaux.	6	43	1	70
Id. 2 pouces. *Id.*	3	68	0	97
Id. pour têtes de cheminées rétablies de 4 p.	7	77	2	65
Brique de Montereau pour tuyau de 4 pouces.	6	71	1	77
Id. de Paris. *Id.*	7	05	1	85
Id. 2 pouces.	3	73	0	98
Id. de Sarcelle. 4 pouces.	6	60	1	74
Id. 2 pouces.	3	94	1	63
Id. 4 p. pour têtes de cheminées rétablies.	8		2	11

Légers ouvrages en plâtre.

Les légers ouvrages comprennent les cheminées en plâtre, les cloisons, et pans de bois, les planchers, les escaliers de charpente, les lucarnes, les crépis, les scellemens, les moulures de corniche, etc. Le toisé et l'estimation des différens ouvrages légers se font suivant ce qui a été dit à l'article *Légers ouvrages* dans le *Traité sur le toisé.*

	Prix de la toise cube.	Prix du mèt. cub.
	fr. c.	fr. c.
Ces ouvrages s'estiment au prix moyen.	13 70	3 60

Démolition de la pierre.

	fr. c.	fr. c.
Démolition et descente d'assise.	16 02	2 17
Id. mais les pierres descendues à la chèvre.	44 55	6
Id. pour ouverture de baie liais	101 63	13 74
Id. roche.	90	12 17
Id. pierre franche.	72 60	9 81
Id. pierre tendre.	55 17	7 45

Démolition des murs en moellon et meulière.

	fr. c.	fr. c.
Démolition ordinaire, le mur hourdé en plâtre.	12 81	1 73
Id. en meulière hourdé d'ancien mortier de chaux, sable et ciment.	19 22	2 55

	Prix de la toise cube.	Prix du mèt. cub.
	fr. c.	fr. c.
Démolition pour reprise en moellon hourdé en plâtre et mortier.	25 64	3 46
Pour ouverture de baie, le mur en moellon hourdé en plâtre.	32 o5	4 32
Id. mais en meulière.	38 45	5 18

Démolition d'ouvrages en briques et plâtras.

	fr. c.	fr. c.
Démolition de mur ou tuyau de cheminée.	16 o2	2 16
Id. languette de 4 pouces mais la brique décrottée, pour être réemployée.	46 14	6 23
Démolition des cloisons, plafonds, planchers, pans de bois, aires, etc.	14 10	1 ço

Les gravats ramassés sur les planchers, et jetés par les croisées ; ceux descendus à la hotte ; *id.* chargés sur des brouettes et transportés à un relais, s'estiment en journées d'ouvriers. Il est bien important pour ceux qui font construire, de constater par eux-mêmes, ou faire constater le temps employé pour ces différens travaux.

Dans les bâtimens ruraux, le prix de la toise ou mètre, varie suivant le prix des

journées d'ouvriers, qui est plus ou moins
cher suivant les différens endroits, et le
prix des différens matériaux.

Nous allons établir quelques prix ap-
proximatifs pour murs de clôture, que
l'on compte le plus souvent à la toise
superficielle.

Murs de clôture.

		Toise super	
		fr.	c.
Mur hourdé en terre pour un mur de 15 pouces.		9	63
Id.	18	11	55
Id.	21	13	47
Id. mais avec chaîne de 9 pieds en 9 pieds, hourdé en mortier, de chaux et sable. 15 pouc.		10	55
Id.	18	13	55
Id.	21	14	77
Id. mais les chaînes en plâtras.	15	13	35
Id.	18	16	02
Id.	21	18	69

Dans le cas où ces ouvrages seraient
faits à façons il sera accordé un dixième de
bénéfice à l'entrepreneur sur ces journées

Quant aux constructions ordinaires, soit en pierre ou moellon, hourdé en mortier ou plâtre ; la personne qui réglera devra s'enquérir sur les lieux mêmes du prix des matériaux rendus à pied d'œuvre et du prix des journées, et suivre ensuite quant au toisé tout ce qui a été dit à ce sujet.

Prix de divers matériaux employés dans la construction.

		fr. c.
Liais tout rendu à pied d'œuvre, prix moyen le mètre cube.		9
Roche.	Id.	5
Pierre franche.	Id.	45
Id. tendre.	Id.	40

Le moellon se vend à la voie ou à la toise ; il faut quatre voitures pour faire une toise.

		Toise cube.	
		fr.	fr.
Moellon dur d'Arcueil, ou de Bagneux, de.		75	à 80
Id. de Nanterre.	de.	60	à 65
Le moellon piqué d'Arcueil, vaut le cent.		30	
Id. tendre.		25	

L'entrepreneur paye sur le tas à l'ouvrier.

		fr.	c.
Un cent de moellons durs taillés.		7	
Id.	franc. *Id.*	5	
Id.	tendre.	4	
Cent de moellons durs essemilés.		4	
Id.	franc. *Id.*	3	
Id.	tendre. *Id.*	2	50

La meulière coûte rendue à pied d'œuvre, la toise cube.	80 fr.	à	90 fr.	
La brique de Bourgogne le mille.	90			
Id. Montereau.	80			
Id. Pays. *Id.*	50			
Id. Sarcelle. *Id.*	46			
Briquette. *Id.*	45			
Le plâtras se vend la toise cube.	25			
Le plâtre, le muid contenant 36 sacs, dont un pour-boire pour le charretier.	15 fr. 50 c.			
Le chaux de Melun et de Champigny, se vend le muid, de.	90	à	95 fr.	
La chaux de Senonche, de.	180	à	200	
Le sable de rivière se vend le tombereau.	4			
Latte de cœur de chêne.	2			
Id. blanche.	1	50 c.		
Mitres rondes et carrées en terre cuite.	2	25		
Mitres de plâtre.		75		
Paire de contre-mitres en terre.	1	30		
Mitre à la Fougerole.	4	50		
Carreaux de plâtre la toise.	9			
Boisseaux de 9 pouces le cent.	50			
Id. 8 pouces. *Id.*	45			

		fr.	c.
Poterie anglaise de 1 pied de haut sur 12 p. la pièce.		1	3o
Id.	11.	1	2o
Id.	1o.	o	9o
Id.	9.	o	75
Id.	8.	o	7o
Id.	7	o	6o
Id.	6.	o	38
Id.	5.		47
Id.	4.	o	4o
Culottes anglaises.	9.	2	25
Id.	8.	2	
Id.	7.	1	75
Id.	6.	1	5o
Id.	5.	1	5o
Tuyaux en grès de 2 pieds de haut. 12 p. de diam.		7	5o
Id.	11.	7	
Id.	1o.	6	5o
Id.	9.	6	
Id.	8.	5	5o
Id.	7.	5	
Id.	6.	4	
Id.	5.	3	
Id.	4.	2	25
Id.	3.	1	5o

	fr.		fr.	c.
Les maçons et tailleurs de pierres se payent de	4 fr.	à	4 fr.	5o c.
Les limousins, de	3	à	3	5o
Les garçons, de	2	à	2	3o

FIN.

TABLE

DES MATIÈRES.

FIN DE LA TABLE.

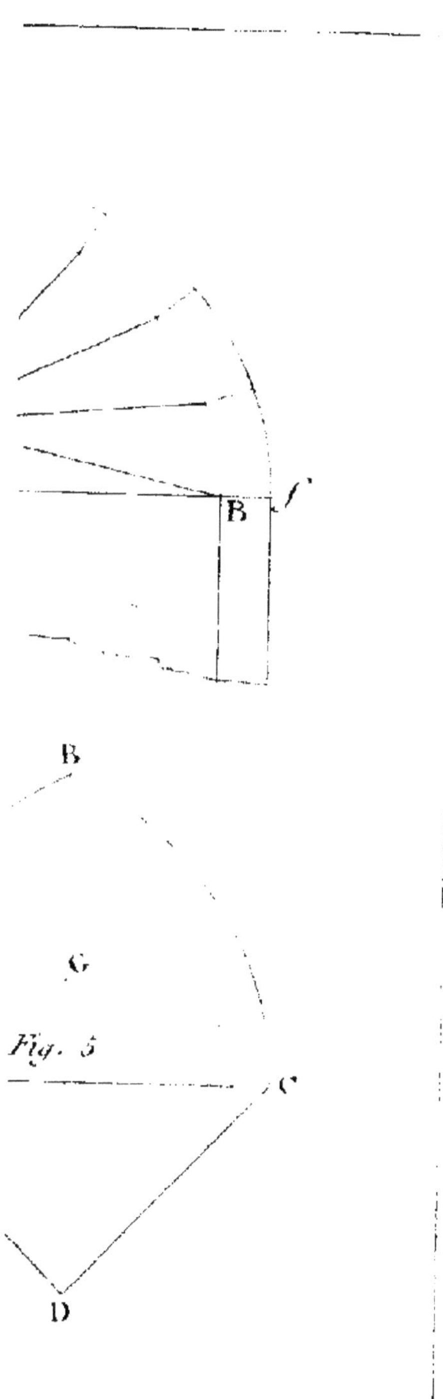

Fig. 5

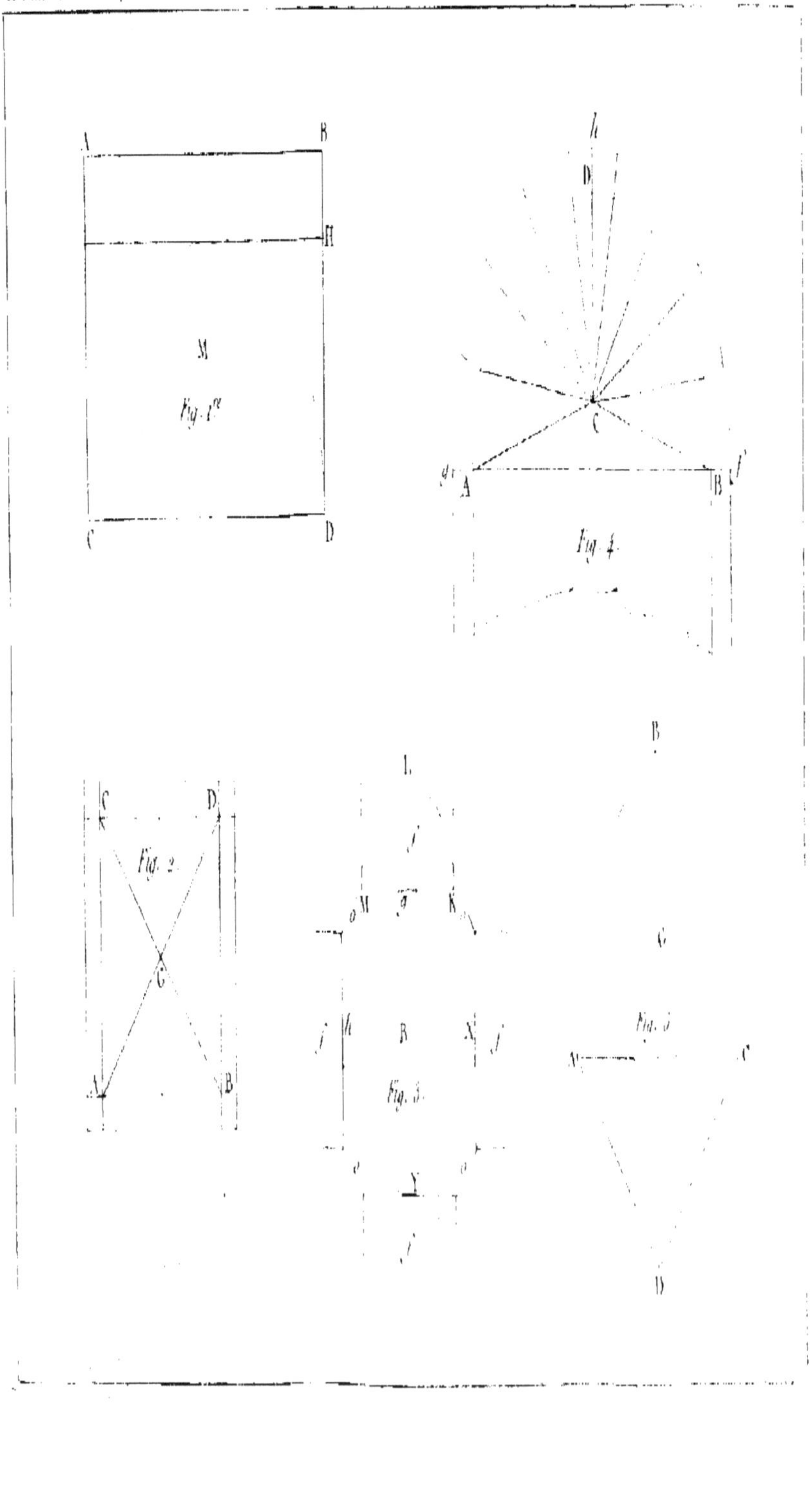

Fig. 1re

Fig. 2.

Fig. 3.

Fig. 4.

Fig. 5.

ENCYCLOPÉDIE

POPULAIRE,

OU

LES SCIENCES, LES ARTS

ET LES MÉTIERS

MIS A LA PORTÉE DE TOUTES LES CLASSES.

L'instruction mène à la fortune
et conduit au bonheur.

Les contrefacteurs seront poursuivis selon toute la rigueur de la loi.

PARIS. — IMPRIMERIE DE FAIN,
Rue Racine, n. 4, Place de l'Odéon.

LE TOISÉ

DES BATIMENS,

OU

L'ART DE SE RENDRE COMPTE,

ET DE METTRE A PRIX

TOUTE ESPÈCE DE TRAVAUX;

OUVRAGE UTILE
AUX ARCHITECTES, CONSTRUCTEURS ET PROPRIÉTAIRES

PAR L. T PERNOT,

ARCHITECTE, EXPERT PRÈS LES TRIBUNAUX.

DEUXIÈME PARTIE.

CHARPENTE.

PARIS.

AUDOT, LIBRAIRE-ÉDITEUR,

RUE DES MAÇONS-SORBONNE, N°. 11.

1828.

TOISÉ

DES BATIMENS.

NOTIONS PRÉLIMINAIRES.

Sur les pièces d'assemblage employées dans la charpente.

Avant d'entrer en matière sur le toisé de la charpente, je vais donner quelques notions sur les diverses pièces de bois employées dans les combles, planchers, pans de bois, etc.

On appelle *comble* la forme inclinée donnée aux toits pour l'écoulement des eaux pluviales. La pente des combles varie suivant la température des climats ; ainsi elle est plus grande dans les contrées du nord que dans celles méridionales. La pente des combles dépend aussi de la manière dont ils doivent être couverts. Les tuiles creuses exigent moins de pente que les plates, parce que les premières forment de petits canaux facilitant l'écoulement des eaux. M. Rondelet a donné un tableau très-curieux de la pente donnée aux combles, dans les différentes villes de l'Europe. Les combles à base circulaire se composent de principaux chevrons en demi-ferme, assemblés par le haut par un poinçon commun placé au centre : par le bas dans une plate-forme circulaire, souvent double, dont les pièces sont réunies par des blochets ; l'intervalle entre les principaux chevrons est rempli par d'autres, dont le nombre diminue en raison de la circonférence qui rétrécit du bas en haut : vers la pointe, le bout du poinçon suffit pour former le sommet du cône.

Les combles se composent de pièces d'assemblage, appelées *fermes* ; elles sont placées entre deux murs de pignon, lorsque leur distance est trop grande pour soutenir les pannes et les faîtages dans leur portée. Lorsque les fermes n'ont pas beaucoup de portée, elles peuvent se composer de trois pièces, savoir, deux arbalétriers et un entrait ; dans ce cas les arbalétriers se réunissant pour former la pointe du comble, sont fixés par une espèce de clef, entaillée dans les deux pièces et chevillée. Quelquefois ils ne sont réunis que par des entailles à mi-bois, arrêtées avec des chevilles par le bas; ils sont assemblés dans le bout de l'entrait par des entailles à crémaillère et retenus par des liens en fer placés à la pente des arbalétriers. Les fermes d'une grande portée et avec exhaussement ont beaucoup plus de pièces d'assemblage: elles se composent d'un poinçon, deux arbalétriers, deux contre-fiches, petit entrait, jambe de force et blochet. Le pied des jambes de force s'assemble dans les semelles traînantes, portant tête aux extrémités.

Arbalétrier. C'est une pièce de ajustée par le haut dans le poinçon, et par le bas dans un tirant. Lorsque les arbalétriers forment chevrons, les pannes sont assemblées dans lesdits arbalétriers; aux grandes parties de comble, les chevrons portent sur les pannes scellées dans les murs, ou sur les arbalétriers des fermes retenus par des tasseaux en bois ou des chantignoles.

Pannes. Ce sont des pièces de bois placées en travers des arbalétriers sur lesquelles viennent s'ajuster, dans des mortaises, les chevrons du comble dans toute la longueur du faîtage, ainsi que ceux partant du pied de la plate-forme. On appelle pannes de brisis, les pièces de bois qui se trouvent au droit des brisures, dans les combles à mansardes.

Poinçon. Cette pièce, l'une des plus importantes dans le système d'un comble, reçoit le cours de faîtage, les arbalétriers et souvent les contre-fiches pour en diminuer le poids; le poinçon repose sur un entrait, lequel est assemblé dans les arbalétriers pour en prévenir les écartemens.

Contre-fiche. Pièce de bois placée en arc-boutant, et servant à lier les arbalétriers avec le poinçon.

Jambe de force. C'est une pièce de bois assemblée sous l'entrait et dans le tirant; elle est pour remplacer l'arbalétrier lorsqu'il n'est pas d'une seule pièce.

Blochet. Pièce de bois posée sur les sablures des croupes. On trave les plates-formes dessus, pour en retenir les chevrons dessus.

Faîtage. Pièces de bois s'assemblant dans le haut du poinçon, et servant à réunir les fermes. Les chevrons portent, à leur extrémité supérieure, sur le cours de faîtage.

Les *moises* sont des pièces de bois qui servent à en lier d'autres.

Semelle. Espèce de tirant fait d'une plate-forme, où sont assemblés les pieds de la ferme d'un comble, pour en arrêter l'écartement. La plate-forme est une pièce de bois disposée sur les murs de face et assemblée en queue d'aronde avec des entailles, pour recevoir le pied des chevrons partant du cours de panne.

Planchers. L'on entend par planchers les parties hautes et basses des pièces. Outre le choix du bois qui est indispensable pour leur confection, il est indispensable de déterminer leur grosseur suivant les différentes portées. Les solives sont posées de champ ; les moindres grosseurs sont de 5 à 7 pouces ; celles au-dessus sont de bois de brin.

Les travées, depuis 9 pieds jusqu'à 15, ont des solives de 5 à 7 ; elles doivent être espacées de 6 pouces.

Les travées depuis 15 jusqu'à 25 ou 27 pieds ; leurs solives doivent être de bois de brin ; celles de 18 pieds auront 6 sur 7 de grosseur ; celles de 21 pieds, *id.* 8 sur 9 ; celles de 24 à 25 pieds, de 9 sur 10 ; celles de 27 pieds, de 10 sur 11 ; il est important que les solives soient d'égale grosseur par les deux bouts. La solidité des planchers est en raison double de l'épaisseur verticale des solives et en raison directe de leur largeur, et inverse de leur espacement. L'épaisseur verticale des solives doit être le vingt-quatrième de leur longueur dans œuvre. Les planchers hourdis pleins en maçonnerie sont plus solides, en ce qu'ils donnent autant de solidité que si les solives étaient jointives. Il existe différentes manières d'assembler les planchers, soit avec des poutrelles se croisant diagonalement, garnies de deux rangs de solives se croisant et formant la même épaisseur que les poutres, pour recevoir un plafond et un carreau, soit de planchers composés de solives, qui se soutiennent mutuellement les unes les autres.

Enchevêtrure. Solive scellée des deux bouts dans le mur, recevant l'assemblage des chevêtres, linçoirs, liernes, etc.

Boiteuse. Solive d'enchevêtrure scellée d'un bout dans le mur et assemblée, de l'autre, dans une principale pièce de bois nommée chevêtre.

Chevêtre. Pièce de bois percée de mortaises, pour recevoir les solives de remplissage d'un plancher, ayant une de ses portées dans un mur et assemblée de l'autre dans une solive d'enchevêtrure, ou bien assemblée par les abouts dans deux solives d'enchevêtrure.

Remplissage. Solives assemblées par les abouts dans deux chevêtres.

Lambourde. Pièce de bois placée le long du mur où les solives viennent s'assembler. Les solives s'assemblent dans les lambourdes par des tenons ou entailles, avec recouvrement, pour que la solive porte dans toute son épaisseur.

L'épaisseur verticale des lambourdes est deux fois et demie celle des solives, et leur longueur une fois. Pour plus de solidité, les lambourdes doivent être adaptées le long du mur, et soutenues par des corbeaux en fer, placés à environ 6 pieds de distance les uns des autres et scellés dans le mur. Les lambourdes s'appliquent aussi sur les poutres, et sont liés avec ces dernières par des étriers en fer et des chevillettes.

Linçoir. Pièce de bois placée à 5 ou 6 pouces des murs et entaillée de mortaises, pour recevoir les solives de remplissage et éviter les porte-à-faux, afin de décharger au besoin les murs de face, qui sont toujours percés par des ouvertures de croisées, et les murs de refend renfermant des tuyaux de cheminées. Lorsque le passage des tuyaux de cheminées, ou la place des âtres, se trouve trop resserrée pour faire usage des chevêtres de bois, on les remplace par des chevêtres de fer, sur lesquelles on appuie les solives boiteuses ou les faux chevêtres.

Poutre. Grosse pièce de bois carrée. L'épaisseur verticale des poutres est la dix-huitième partie de leur partie hors d'œuvre; il est préférable qu'elles soient plutôt carrées que méplates. Lorsque les poutres sont trop faibles pour soutenir les solives, on les fortifie par des pièces d'assemblage appelées armature.

Pan de bois. Assemblage de différentes pièces de charpente, servant à monter les faces d'un bâtiment. On les emploie ordinairement pour ménager le terrain; ils sont ourdés et ravalés des deux côtés. Une ordonnance de police défend d'élever en pan de bois sur la voie publique dans la ville de Paris. Les pans de bois se placent dans les intérieurs et sont faits avec des bois moins forts que les premiers. Pour arrêter les pans de bois avec les autres murs et prévenir qu'ils ne poussent au vide, l'on met ordinairement des tirans et des ancres en fer à chaque étage, de la face de devant à celle de derrière. L'on fait passer ces ancres dans de bonnes clavettes par dehors les pans de bois ou murs, de manière que les faces de devant et celles de derrière soient liées ensemble, et que l'une ne puisse pas sortir sans l'autre. Toutes les pièces composant un pan de bois, ou cloison de charpente, doivent être assemblées avec mortaises et tenons.

Les pans de bois et cloisons au rez-de-chaussée, doivent être élevés sur des parpaings en pierre, ou des petits murs en moellon. Le poteau d'angle formant encoignure, les poteaux d'angle doivent avoir 9 à 10 pouces de grosseur; les sablières 8 à 9, les décharges, guettes, croix de St.-André, poteaux d'huisserie pour les portes et les fenêtres 7 à 8, ainsi quelces poteaux de remplissage, tournisses et potelets.

Poteau. Pièce de bois de la grosseur d'une petite solive, placée ordinairement dans les pans de bois, cloisons, huisseries, portes, etc. Les poteaux des cloisons intérieures portant planchers, doivent avoir pour épaisseur le douzième de leur hauteur; ceux employés dans les cloisons de distribution, n'ont d'épaisseur que la moitié des premiers.

Charpente.   2

Décharge. Pièce de bois inclinée de cinquante ou soixante degrés, plus ou moins, pour soutenir une cloison et soulager le poids des sablières de ce qu'elles portent. Ces décharges sont plus larges qu'épaisses, et leurs tenons sont en about ; elles sont assemblées du pied et de la tête dans des sablières, et le surplus d'un pan de bois est garni de tournisses et poteaux. Il y a plusieurs espèces de poteaux, celui de remplissage, d'arrachement et le cornier ; il est refouillé comme étant pour les angles.

Tournisse. Poteau taillé obliquement d'un bout, et qui s'assemble dans la décharge et la sablière ; la partie coupée obliquement et s'assemblant dans la décharge, est taillée en tenons à tournisse. On fait aussi usage des tenons en about ; quelquefois on se contente de couper les tournisses obliquement, et de les arrêter par de grands clous appelés *dents de loup*.

Sablières. Pièces de bois posées à la hauteur de chaque étage, ayant de 7 à 9 pouces de grosseur, et dans lesquelles s'assemblent, du haut en bas, les poteaux avec tenons et mortaises.

Linteau. Pièce de bois mise en travers au-dessus de l'ouverture d'une porte ou

d'une fenêtre, pour soutenir la maçonnerie. Dans les constructions en moellon on
peut mettre des linteaux sans danger, observant toutefois de poser de champ et en
décharge le premier rang de moellons, et
qu'il soit à sec sur le bois, sans plâtre ni
mortier, et lui donner un peu de bombe-
ment; dans les constructions en pierre, au
lieu de linteau, on doit mettre des plates-
bandes en fer, parce que le bois se pourit.

Escalier. C'est dans une maison une
montée renfermée dans une cage et composée de marches ou de degrés, de paliers,
d'appuis droits et rampants, laquelle sert
à faire communiquer les étages les uns
avec les autres.

Marche. On nomme ainsi la pièce de
bois, pour monter ou descendre ce dernier, et contre-marche celle qui est posée
verticalement, et qui fait par conséquent
le devant de la marche.

Marche *carrée* ou droite, celle dont le
giron est compris entre deux lignes paral-
lèles.

Marche d'angle, c'est la plus longue
d'un quartier tournant.

Marches gironnées, celles des quartiers
tournans, des escaliers ronds ou ovales.

Marches délardées, celles qui sont démaigries en chanfrein par dessous, et portent leur délardement pour former une coquille d'escalier.

Marche double, palier triangulaire dans un escalier à vis.

Marche palière, c'est la marche qui forme le bord d'un palier.

TOISÉ

DE LA CHARPENTE.

Les nouvelles mesures ont aboli les usages dans la charpente, surtout dans les travaux publics ; cependant, comme ces usages sont encore suivis pour la plupart des constructions particulières, nous allons faire connaître ceux de la coutume de Paris, relatifs au toisé des bois, en appelant de tous nos vœux le système métrique, qui accorde à chacun ce qui lui revient.

Dispositif du toisé de la charpente aux us et coutumes de Paris.

1°. Le charpentier doit trouver le compte de ses bois, toujours plus, jamais moins [1].

[1] D'après les nouvelles mesures, le charpentier ne doit avoir que le cube produit par les dimensions du bois.

2º. S'il se trouve quelque difficulté, la balance doit pencher du côté de l'ouvrier, sans faire tort au propriétaire [1].

3º. La longueur et grosseur des bois est toujours prise à rigueur.

4º. Tout bois est censé droit, et équarri sur ses quatre faces, quelque figure qu'il ait dans l'emploi. S'il ne l'est pas, il faut chercher la longueur et grosseur de la pièce de bois équarrie dont il est sorti.

5º. La grosseur des bois se prend dans leur milieu, et on comprend dans leur longueur les tenons et portées.

6º. Tout bois qui n'a point d'assemblage, qui n'est tenu que par des chevilles ou dents de loup, le tout de fer, est compté de sa longueur et grosseur, et n'a point l'avantage du plein.

7º. On ajoute à la longueur des solives d'un plancher, prise en dans œuvre des murs, un pied pour les deux portées ou scellemens, s'il n'y a attachement contraire. Alors les attachemens ne concernent que les principales et maîtresses pièces, et non les solives ordinaires.

8º. Aux bois assemblés on compte 4 pouces pour chaque tenon dans les princi-

---

[1] La balance doit être du côté de la justice.

pales pièces, et 3 pouces dans les moyennes et les petites.

9°. Aux marches d'escalier, on ajoute à leur dans-œuvre, 6 pouces pour leurs portées, savoir, 4 pouces en mur ou pans de bois, et 2 pouces dans le limon.

10°. Les solives de remplissage entre deux solives d'enchevêtrure, au devant d'une cheminée ou d'un tuyau passant seulement, sont comptées de la même longueur que les solives d'enchevêtrure, mais on ne compte point les chevêtres.

11°. Au restant d'un plancher, *linçoirs sans portées, ou portées sans linçoirs*; c'est-à-dire que si on compte les solives assemblées dans les linçoirs de la longueur des solives d'enchevêtrure avec leurs portées, on ne compte point les linçoirs. Si, au contraire, on veut compter les linçoirs, la longueur de ces solives de remplissage se prend d'après le nu extérieur du linçoir, et s'il se trouve deux linçoirs aux deux bouts, on comptera le plus fort.

12. Toute longueur de bois qui recevra assemblage d'un ou des deux bouts, et qu'on réduira à une longueur commune, sera comptée et tirée en ligne dans la partie de toise la plus proche de sa longueur,

de un quart de toise en quart de toise, à l'exception des tournisses.

13º. Deux tournisses étaient comptées pour un poteau de la longueur qu'il aurait entre les deux sablières, à laquelle longueur on ajouterait 6 pouces pour les deux tenons; mais aujourd'hui elles sont comptées séparément de leur longueur, à laquelle on ajoute un tenon seulement.

14º. Tout petit bois d'assemblage assemblé et chevillé, quel qu'il soit, est compté de même, savoir : deux pour un poteau entre les deux sablières, la grosseur prise à part.

15º. Tout bois sur lequel on aura fait une levée considérable au-dessus de sa valeur, sera toisé à l'ordinaire, mais la levée sera déduite, estimation de la valeur du trait de scie. Si cette levée n'excède pas le sixième de la valeur de la pièce de bois, on ne déduira rien.

Les bois de charpente sont tirés en grande partie de la Champage et des Vosges, le surplus est tiré du Bourbonnais, de la Bourgogne et de l'Orléanais. Le meilleur est celui qui vient de la Champagne et des Vosges. Les marchands livrent ces bois à la pièce qui est de 3 pieds cubes, ou une toise superficielle ou carrée de bois de 12 lignes d'épaisseur. La grosseur de chaque arbre est prise au milieu, et se vend pied et pouce pleins. *Pied plein* indique que tout morceau de bois est censé avoir 9, 12, 15, 18 pieds de longueur et au-dessus, y compris les fractions qui se trouvent entre ces dimensions ; ainsi lorsque l'arbre n'a que 11 pieds, il est compté pour 12, et s'il a 13 pieds, il n'est de même compté que pour 12 pieds. Pouce plein se rapporte à la dimension de chacune des forces du morceau ; chaque pièce n'est présumée avoir que 6 pouces sur 6 pouces, 7 pouces sur 6 pouces, 7 pouces sur 7 pouces, 8 pouces sur 8 pouces, 9 pouces sur 9 pouces, ainsi des autres grosseurs ; toutes les fractions intermédiaires de ces dimensions ne sont point comptées. Ainsi, un morceau de 6 pouces et demi carrés n'est compté que pour 6 pouces, et ainsi de suite.

Les bois carrés se vendent sur les ports de Paris en progression arithmétique de 3 pieds en 3 pieds, et se comptent étant employés dans la construction en même progression de 18 pouces en 18 pouces.

Les bois marchands n'ayant pas positivement les longueurs justes de 6 pieds, 9, 12, 15, 18, 21, 24, etc., l'usage a adopté le pied marchand qu'on appelle *pied avant*, *et pied arrière*, par le moyen duquel une longueur de 5 pieds ou 7 pieds est payée 6 pieds, ou une toise; 8 pieds et 10 pieds pour 9 pieds, ou une toise et demi; 11 et 13 pieds pour 12 pieds, ou 2 toises. C'est ainsi que les marchands vendent leurs bois aux charpentiers. Dans les bâtimens il n'y a point de ces usages; tous les bois se mesurent en longueur déterminée de 18 pouces en 18 pouces, ou un quart de toise. La plus petite mesure est de 18 pouces, ou un quart de toise, quelque petit que soit le morceau de bois. Ensuite de quart de toise en quart de toise, savoir : 3 pieds, 4 pieds et demi, 6 pieds, 7 pieds et demi, 9 pieds, 10 pieds et demi, 12 pieds, 13 pieds et demi, et jusqu'à 21 pieds, où commence la progression de demi-toise en demi-toise, ou de 3 pieds en 3 pieds, d'après le tableau placé à la fin. On voit que les longueurs qui ne sont point dans la progression du marchand, sont comptées de la mesure la plus voisine; par exemple, 7 pieds trois quarts est compté pour 9 pieds, par ce qu'il est supposé que ce 7 pieds trois quarts a été coupé dans une longueur de 8 pieds.

Aujourd'hui, pour éviter l'embarras de

mesurer suivant cet usage, qui peut entraîner les plus graves abus, on toise les longueurs et les grosseurs mises en œuvre.

Quand la pièce de bois est carrée, il faut la mesurer de sa grosseur; mais si elle est flacheuse, qu'il y manque quatre arêtes il la faut équarrir, c'est-à-dire rabattre la moitié des flaches pour rabattre les autres. Et si par hasard la pièce n'avait qu'une arête, qu'il y eût trois flaches, il faut rabattre les trois quarts du plus grand, le reste sera la grosseur de la pièce; s'il n'y en a que deux, rabattre la moitié du plus grand, et s'il n'y en a qu'un ôter le quart.

Si la pièce était équarrie en sorte qu'il y eût peu de flaches, c'est-à-dire un peu d'un côté, un peu de l'autre, qui ne soient pas dans le milieu de la pièce, on doit diminuer de la grosseur à proportion de la grandeur desdits flaches; mais s'ils se rencontrent au milieu où se doit mesurer la grosseur de ladite pièce, quoiqu'ils ne règnent pas d'un bout à l'autre, on doit de même les diminuer. Si les flaches étaient trop grands, et que la pièce fût presque ronde, sans arête par le milieu, et que le reste fût carré, il faudrait prendre les deux extrémités de la pièce, les joindre ensemble, puis en prendre la moitié qui sera la grosseur pour toute la longueur de ladite pièce, à la réserve qu'il ne faut point comprendre la longueur des flaches, quand elle aurait 3 pieds de long au-dessus de quatre toises, et au-dessous 1 pied et demi ; et si les flaches passent ces longueurs, ils seront diminués en toute l'étendue comme s'ils régnaient en toute l'étendue. On doit observer que si les bois ne sont pas bien équarris, comme il s'en trouve qui ne le sont qu'à la superficie, de sorte qu'il n'y a que la seule écorce d'enlevée, dans ce cas il les faut équarrir comme les bois en grume abattus.

Pour le toisé des bois en grume, il faut réduire les arbres au carré. Pour ce on prendra le diamètre de chacun, l'écorce déduite de 18 lignes sur le diamètre ; pour les équarrissages à vives arêtes, les 23 centièmes ; pour les équarrissages ordinaires les 25 centièmes, et pour les arbres qui ne sont qu'écorchés les 28 centièmes : cette mesure sera l'un des côtés du carré que l'on multipliera par l'autre. Par exemple, si un arbre est d'un mètre de circonférence, la pièce de bois qu'on pourra en tirer ne portera que 25 centimètres sur chaque face.

Toisé des bois mis en œuvre.

Les combles sont composés de faîtages (sous-faîtages en quelques endroits), liens, aisseliers, poinçons, pannes de brisis, pannes de devers, contre-fiches, tasseaux chantignolles, jambes de force, jambettes, chevrons, coyaux, empanons, arbalétriers, arêtiers, blochets, plates-formes, entraits, sous-entraits, entraits retroussés etc. Tous ces bois tirent leurs noms de leur place et de leur assemblage, se toisent sur leur longueur et grosseur y compris leur portée, tenons, joints et recouvremens, et chaque morceau est calculé pour ce qu'il est ou doit être.

Les bois cintrés ou courbes doivent être comptés comme ils étaient avant d'être employés; mais la meilleure méthode est de bander un cordeau d'une extrémité à l'autre de la pièce cintrée, et d'en prendre la grosseur au milieu. Par exemple une jambe de force courbe par le bas, soit que cette courbe soit naturelle ou non, est réduite dans un cube de bois droit, comme si véritablement cette courbe fût sortie d'une masse de bois plus forte et eût été élégie en dedans; ainsi de même de toutes les courbes ou cintres.

Les bois élégis sont de même espèce; leur grosseur doit être prise dans le milieu du bois apparent.

Les bois abattus en chanfrein, comme les pannes, les empanons, etc, sont toisés de toute leur longueur, chacun en particulier, y compris le chanfrein.

Les plates-formes qui reçoivent le pas des chevrons, sont toisés de leur longueur, en y ajoutant les queues d'hirondes, et leur grosseur se prend comme aux autres bois. D'après la coutume de Paris, si ces plates-formes ont 4 pouces et demi sur 12 pouces, elles seront comptées pour 5 pouces.

Planchers.

Les planchers sont composés de différentes pièces d'assemblages et de remplissages; toutes ces différentes pièces seront mesurées suivant leur longueur et grosseur, y compris les portées. D'après la coutume de Paris l'usage est de compter le linçoir, ou de ne pas le compter, en disant *linçoir sans portée , ou portée sans linçoir*. C'est-à-dire que si l'on compte les solives de remplissage de la longueur des solives d'enchevêtrure, on ne comptera point le linçoir ; et si l'on trouve à propos de compter le linçoir, ces solives seront comptées de la même longueur qu'elles auraient si elles portaient sur une lambourde : la longueur de cette solive finira au nu extérieur du linçoir, et non d'après le nu du mur.

Cette méthode d'assembler les solives dans des linçoirs, et les linçoirs dans les solives d'enchevêtrure, ne peut être d'usage que pour des appartemens qui ne sont point sujets à porter de grands fardeaux ; car des solives bien scellées en mur porteront un tiers plus pesant que celles qui n'y sont point. Pour conserver ces sortes d'assemblages, il faut les retenir avec des étriers en fer sur les solives d'enchevêtrure.

Les parties des solives quelconques ne se comptent suivant l'usage qu'à six pouces chacune, lorsque toutes les solives sont comptées, y compris la portée. Mais lorsque la distinction se fait des unes et des autres, les principales doivent avoir au moins la moitié de l'épaisseur du mur, suivant l'article 208 de la coutume de Paris. Il ne faut cependant prendre cet article à la rigueur, qu'autant que les principales pièces rencontrent celle-ci, ce qu'il faut éviter autant que faire se peut. Il vaut mieux que ces principales pièces portent sur les trois quarts du mur, et même jusqu'à trois pouces près du parement extérieur ; dans ce cas, avant d'en arrêter le scellement, on doit en prendre attachement contradictoire.

Lorsque des solives de remplissage sont assemblées, d'un bout dans un chevêtre et de l'autre dans un linçoir, on compte le linçoir, mais on rabat une des portées, et l'intervalle qui est entre le mur et le linçoir ; sinon, l'on compte les solives de la longueur des solives d'enchevêtrure, y compris les portées, sans compter le linçoir.

Si dans une enchevêtrure il se trouvait deux chevêtres proches l'un de l'autre, ce qui est contre la bonne construction, il faut compter chaque solive et le chevêtre de leur longueur et grosseur telles qu'elles sont mises en œuvre, et supprimer le faux chevêtre.

Si des solives portent nûment sur un chevêtre en fer sans assemblage, elles seront comptées de leur longueur, à moins que ce ne fût par changement. Si dans un vieux bâtiment on fait resservir les vieux bois du particulier non donnés en compte, les principales pièces, comme solives d'enchevêtrure, chevêtres, linçoirs, liernes, coyaux, etc., doivent être de bois neuf. Et comme nous avons dit précédemment que les solives de remplissage d'une enchevêtrure étaient comptées de la même longueur que lesdites solives, en suivant cet usage, les solives de remplissage en vieux bois seront comptées de même longueur. Mais la plus-value du chevêtre sera en outre comptée dans sa longueur et grosseur, de la valeur duquel sera rabattu le prix qui sera accordé pour la façon des bois.

Aujourd'hui les solives composant les planchers sont toisées intrinsèquement, c'est-à-dire que chaque pièce est mesurée suivant ces différentes dimensions y compris les portées et les tenons. Dans les mémoires on distinguera le bois neuf ordinaire d'avec le bois de sciage, le bois vieux fourni par l'entrepreneur d'avec celui du propriétaire ; ce dernier au timbre sera, porté *cube vieux bois pour façon et déchet.*

Pan de bois et cloisons.

Les pans de bois sont composés de sablières haute et basse, de poteaux, décharges, tournisses, etc.

Toutes les sablières quelconques, soit simples ou délardées, se toisent de leur longueur et grosseur ; la grosseur de celles qui sont délardées se prend au plus fort et toujours au milieu. On ajoute à la longueur les joints, recouvremens et portées s'il y en a.

Tous les poteaux et guettes se toisent de même, y compris leurs tenons haut et bas, qui sont de trois pouces.

Les linteaux, appuis, potelets, guetterons, et tous les petits bois qui garnissent les pans de bois et les cloisons, se toisent tous en particulier, savoir leur grosseur seulement prise dans le milieu : mais leur longueur est celle de la moitié d'un poteau, pris entre deux sablières, de façon que deux de ces petits bois font un poteau à plomb, quand même il n'aurait qu'un pied de long ; mais il faut que tous les petits bois soient assemblés à tenons et mortaises ; et chevillés.

Les décharges sont de pièces des bois inclinées de 5o ou 6o degrés, plus ou moins, pour soutenir une cloison et soulager le poids des sablières et de ce qu'elles portent ; ces décharges sont plus larges qu'épaisses, et leurs tenons sont en about. Leur longueur se prend diagonalement, suivant leur inclinaison entre les deux sablières, d'après les angles obtus ; on ajoute à cette longueur 6 pouces pour les deux tenons. Cette longueur, prise de cette manière, donne celle qu'avait cette décharge avant que d'être employée.

Les tournisses se toisent de leur longueur et grosseur. Il est cependant à considérer que deux tournisses prises ensemble ne doivent pas excéder la longueur d'un poteau, de quelque façon qu'elles soient posées, car c'est un abus de les faire excéder cette moitié. Pour avoir donc leur longueur moyenne déterminée, il faut compter la quantité de tournisses dont la moitié sera le nombre de poteaux qu'il faudra compter entre les deux sablières, et y ajouter les tenons haut et bas dans les sablières, il est encore une autre méthode qui consiste à prendre la longueur de la plus grande, celle de la moyenne, et de la plus petite, d'ajouter ces trois longueurs ensemble, et d'en prendre le tiers, ce nombre donnera la longueur moyenne des tournisses.

Dans les murs où les baies de portes ne sont point bandés en pierre, on met des linteaux de bois. Ces linteaux sont ordinairement comptés, savoir : aux grandes baies de leur longueur et grosseur, à celles de 2 pieds jusqu'à 4 pieds et demi d'ouverture pour une pièce de bois, et à celles au-dessous de 2 pieds pour une demi-pièce.

Escaliers.

Les escaliers en charpente sont composés de patins, limons, noyaux recreusés ou pleins, sabots, entre-toises, marches droites, dansantes et palières.

Outre cela, il y a encore des paliers, soit d'arrivée, soit de repos, qui sont garnis de solives, soliveaux, quelquefois de croisillons, ou de plates-formes. Tous ces bois se toisent différemment. Les patins se toisent sur leur longueur, et leur grosseur se prend dans le milieu, après avoir baudé un cordeau du gros bout au petit.

Au-dessus des patins, s'il y a des tournisses, on les compte séparément avec leurs tenons, parce qu'ils doivent en avoir aux deux abouts. S'il y a des panneaux entre deux, on les toise de même ; mais on double leur produit, à cause des rainures et languettes. Plusieurs cependant comptent les grands pour une pièce, les petits pour une demi-pièce, et les moyens pour trois quarts de pièce.

Les limons sont en général un peu courbes ; il faut alors bander un cordeau, et prendre la grosseur au milieu.

Les noyaux recreusés et les sabots se toisent dans leur cube, sans avoir égard à leur évidement et à leur travail. Leur longueur se prend d'un débillardement à l'autre, et leur grosseur se prend des extrémités de leurs faces extérieures ; ils sont réduits, par ce moyen, dans la masse qu'ils avaient avant l'emploi.

Les entre-toises, solives, soliveaux et croisillons, se toisent à l'ordinaire, sur leur longueur et grosseur, avec leurs tenons et portées.

Les marches palières ou de palier se toisent de même, mais leur grosseur se prend dans le plus fort du bois. Si cependant on avait fait une levée considérable, il faudrait diminuer quelque chose par estimation raisonnable. Les marches ordinaires se toisent différemment, à cause de leurs différentes situations ; les unes sont droites, les autres dansantes, les autres d'angle, ou, ce qui est la même chose, dans des quartiers tournans. Les marches droites, c'est-à-dire, à angles droits, sur les murs ou limons, sont toisées sur leur longueur et grosseur carrément. La longueur doit être prise en dans-œuvre ; à cette longueur on ajoute 6 pouces pour les portées des deux côtés, et leur grosseur est comptée dans le plus fort de la marche sur le dessus et sur la hauteur, sans égard au délardement qui est par derrière. Les premières marches d'un escalier sont ordinairement un peu gironnées autour de la volute. Dans ce cas, ces marches, si elles sont d'une seule pièce, seront toisées dans le plus fort. Si elles sont de deux pièces, chacune sera toisée à part. Les marches dansantes sont celles qui ne sont point d'équerre sur les murs, et sont presque toutes de longueurs inégales. Il faut prendre la longueur de toutes en dans-œuvre, les diviser par leur nombre ou quantité, pour avoir une longueur moyenne à laquelle on ajoute 6 pouces pour les portées, et leur grosseur se prend comme aux marches droites.

Les marches dans les quartiers tournans se toisent de même. Dans toutes marches pleines où il y a des alaises, la marche est toisée à part, et l'alaise aussi pour ce qu'elle est, sa longueur sur sa grosseur. On mettait autrefois des balustres et des appuis de bois aux escaliers. Les appuis étaient toisés à l'ordinaire, et chaque balustre était évalué, savoir : ceux qui étaient carrés et avec des moulures poussées à la main, pour une demi-pièce, et ceux qui étaient tournés au tour pour un quart de de pièce.

Tous les bois élégis, en général, prennent différentes figures, suivant leur destination et leur place. Les courbes de quelque nature et en quelque place qu'elles soient élégies, refaites ou non, doivent être rendues droites avec des cordeaux ou lignes, que l'on tend d'une extrémité à l'autre, tant sur la longueur que sur la grosseur ; soit que ces courbes soient cintrées sur le plan ou sur l'élévation, ou sur l'un et l'autre sans égard aux levées qu'on y aurait pu faire. C'est au charpentier à chercher et façonner les bois qu'on lui demande ; et les bois ainsi toisés sont confondus dans le prix général auquel les ouvrages sont appréciés ; car si elles sont de plusieurs morceaux chacun sera toisé séparément.

Tous les bois droits élégis nécessairement, sur lesquels on fait des levées considérables seront toisés, comme on a dit ci-dessus ; mais il faut que cet élégissement soit nécessaire, sinon la levée sera réduite, estimation faite du trait de scie, et ceux sur lesquels on n'a fait que de légères levées, sont censés avoir été élégis ou refaits à la coignée.

Les poteaux de barrières dans les grandes cours, sont ordinairement refaits en ce qui est apparent, et le gros bout qui reste en terre reste brut. Lorsqu'on n'a point pris d'attachement, il faut ajouter un pouce sur la face apparente. Par exemple, si cette face a 7 pouces de gros, il faut la compter sur 9 ; parce qu'il est à présumer que ce bois a été atteint sur ses quatre faces. Il est cependant plus à propos de les toiser avant qu'ils soient scellés, pour en avoir la juste longueur et grosseur dans le plus fort.

Les lices et potelets se toisent à l'ordinaire selon leur longueur et grosseur, y compris leurs tenons. Les poteaux d'écuries qui sont tournés au tour avec une pomme en tête, sont évalués chacun à une pièce de bois; et si ces poteaux sont renfermés dans des *souillards*, ils sont comptés pour deux pièces. On appelle souillard, un petit châssis d'assemblage scellé en terre; qui reçoit et entretient solidement le poteau. Il y a aussi des boîtes de grosse fonte pour le même usage.

Les râteliers d'écuries sont de deux sortes : les uns sont simples et les autres sont ornés de deux façons. Les simples sont garnis de roulons de bois de frêne, arrondis à la plane, et assemblés haut et bas à tourillons dans des chevrons de 4 pouces de gros. Cette sorte de râtelier est toisée à toise courante, et chaque toise est comptée pour une pièce de bois tout compris. L'autre sorte est composée de roulons de bois de chêne ou de frêne, tournés, assemblés de même à tourillons dans des chevrons proprement rabotés, sur lesquels on a poussé quelques moulures; cette espèce de râtelier est aussi toisée à toise courante, chacune desquelles est comptée pour deux pièces.

La troisième est de même assemblée à tourillons, et les roulons tournés sont ornés de moulures avec collier haut et bas, embase, filet et congé. Chaque roulon est compté pour un quart de pièce, y compris les chevrons haut et bas et leurs ornemens. Ils diffèrent de ceux des escaliers, en ce que les appuis se comptaient à part, et ici les chevrons du haut et du bas ne se comptent pas.

Les mangeoires des chevaux sont comptées leur longueur sur leur grosseur comme les autres bois, en y comprenant les portées et les recouvremens s'il y en a.

Les raciaux des mangeoires se toisent sur leur longueur et grosseur prises au plus fort. Il s'en trouve quelquefois de plus travaillées, alors il faut les réduire dans la masse du bois où ils étaient avant d'être travaillés.

Les pilotis sont de deux sortes, ronds ou carrés ; ceux qui sont ronds et de bois en grume seront rendus au carré, suivant la méthode que nous avons indiquée pour le toisé des bois en grume. Il est nécessaire de toiser avant de les battre en terre ; ensuite, on rend au charpentier le récepage de ceux qui sont trop longs, suivant le prix et les conditions dont il faut convenir.

Vieux bois.

L'usage est de mettre à part les vieux bois provenant de démolition, et de les donner en compte au charpentier, toutefois après que ces bois auront été jugés propres à être réemployés. Les vieux bois ne peuvent être employés que dans les parties de peu de conséquence, comme potelets, tournisses, soliveaux, solives de remplissage, une neuve entre deux vieilles. Les principales pièces doivent être de bois neuf, sans nœuds vicieux, aubiers, malandres, qu'ils ne soient ni échauffés, ni roulés, et le plus à vive arête qu'il sera possible. Les vieux bois donnés en compte au charpentier, doivent être toisés suivant leur longueur entre deux portées, et leur grosseur telle qu'elle est.

S'il se trouve des bois qu'il faille débiter, on abat un pouce sur l'équarrissage ; par exemple, une poutrelle de 12 pouces de gros, sera donnée en compte pour 11 pouces. On ne doit donner en compte que les bois utiles. Leur longueur s'en prend dans le plus sain du bois, et on en rabat les portées, les mortaises et les tenons ; les chevêtres, linçoirs ou autres bois remplis de mortaises, sont mis au rebut. Il se trouve cependant une infinité de bouts de bois propres à faire des potelets, petites tournisses et autres ; il faut les évaluer, et les donner en compte au charpentier.

La démolition [1] et le transport des bois de charpente se font aux frais du charpentier, moyennant quoi ces bois réemployés sont toisés dans le bâtiment comme bois neufs, et on rabat sur la totalité des bois celle qui lui a été donnée en compte, dont on lui paie seulement la façon.

Si l'on soupçonne que le charpentier ait employé plus de vieux bois qu'il n'en a reçu en compte, il faut toiser tous les vieux bois séparément sur leur longueur telle qu'elle est dans l'emploi, et les calculer de même sans aucun usage, le total en doit être inférieur, à celui des bois donnés en compte.

Si l'on ne donne point les vieux bois en compte, et que le particulier les fasse réemployer et travailler chez lui, ces bois alors devraient être toisés de leur longueur et grosseur, sans *us et coutume*, parce

---

[1] Aujourd'hui la démolition se compte en cube, ou en journées d'attachement.

que le propriétaire en supporte le déchet ; mais on les toise à l'ordinaire, et on rabat sur la façon un sixième ou un huitième environ du prix courant et ordinaire des bois de façon et main-d'œuvre.

Les étaiemens se toisent leurs grosseurs sur leurs longueurs. Il y a des chevalemens, des semelles, des chantiers, des couches haut et bas, des contrefiches, des chandelles ou pointails, des calles, des fourures, des étresillons.

Dans les bâtimens neufs, il y a des bois qui sont payés en nature d'étaiemens, ce sont les cintres pour les voûtes de cave, les portes et croisées cintrées. Tous ces bois sont toisés chacun en leur particulier leurs longueurs et grosseurs.

Ces étaiemens et cintres, lorsqu'ils resservent tels qu'ils sont taillés en d'autres parties du bâtiment, et qu'il ne s'agit que de les démonter et remonter, ne doivent être payés que moitié du prix, parce qu'il n'y a ni voiture, ni perte de bois.

Il y a encore des étaiemens d'assemblage et de sujétion dont le toisé se fait de la même manière, mais les prix sont supérieurs. Lorsque les bois seront mesurés suivant le système métrique, tous ces usages que nous avons énoncés disparaîtront, ils seront mesurés suivant leur longueur mise en œuvre, et la longueur des pièces coupées en sifflet, telles que pour tournisses, pannes, sera réduite au milieu du biseau. Aux longueurs en œuvre, seront ajoutés les scellemens dans les murs, ou pans de bois, et les tenons. Ces différentes portées seront ainsi comptées. Scellemens en mur 9 pouces ou 25 centimètres, pour poutres, poutrelles, poitrails, entraits, solives d'enchevêtrures, sablières, blochets et pannes; 6 pouces ou 15 centimètres pour les solives ordinaires et les autres petit bois. Les mêmes scellemens faits dans les pans de bois seront comptés pour 3 pouces. Les tenons des principales pièces seront comptés pour 4 pouces ou 10 centimètres; les tenons des solives et petits bois, 3 pouces; les embrevemens des marches dans les limons, 2 pouces, ou 5 centimètres. La grosseur des bois sera prise telle qu'elle existe, la mesure en sera prise au milieu.

Dans les mémoires ou aura soin de distinguer au timbre les bois de la manière suivante. Les bois de 12 pouces de grosseur ne portant ni assemblage, ni tenons, seront sous le timbre de *bois ordinaire sans assemblage*; les même bois ayant tenons et assemblage, bois *ordinaire avec assemblage*.

Les bois sciés sur une ou deux faces seront timbrés sous la dénomination de bois sciage. On timbrera sous le nom de *bois refaits*, les bois qui auront été blanchis à la bisaigue ou à la scie, ou refeuillés, comme chapeaux de lucarne, sablières d'égoût, poteaux et liens de hangard. On timbrera aussi, au résumé, les bois de 12 pouces, 14 pouces, etc., *bois de qualité*. Les bois pour escalier seront timbrés sous leur nom particulier ; d'abord les marches et marches palières lorsque les sabots seront rapportés sur celles-ci ; ensuite, les limons, marches palières, les sabots y étant éligis ; les quartiers tournans, volutes, noyaux et patins. Parmi ces bois, ceux qui auront moins de 12 pouces seront séparés des autres, le surplus sera confondu dans une seule et même classe.

Au timbre on portera les bois cintrés, soit pour limons ou autre objet, de cette manière, *bois cintré pour limon*. Et dans une cage d'escalier dont le pan de bois serait circulaire, *sablière circulaire*.

Les bois neufs à façon, et les vieux bois, seront mesurés comme il vient d'être dit, et timbrés sous la dénomination de *bois neuf* ou *vieux à façon* Les bois employés pour étaiemens, chevalemens ou cintres, seront réunis sous les timbres : *bois pour étaiemens, bois pour chevalemens, bois pour cintres.*

Les bois de démolition seront toisés de même et timbrés sous le nom de *bois de démolition.*

Toisé des bois en grume.

Le toisé se fait dans les forêts en prenant la circonférence des arbres sur pied, au milieu de la hauteur, et déduisant l'écorce sur le diamètre, un pouce pour les arbres jusqu'à 14 pouces, et 2 pouces pour ceux au-dessus. Cette déduction faite il existe plusieurs modes de réduire les arbres au carré ; 1°. de prendre le tiers de la circonférence ; 2°. de prendre le quart de la circonférence ; 3°. déduire le sixième de la circonférence et prendre le quart de cette circonférence ; 4°. déduire le cinquième de la circonférence, et prendre le quart du reste.

Le deuxième mode est en usage dans les forêts de Picardie, et dans celles des environs de Paris ; le troisième mode est en usage dans les forêts de Champagne. Le premier et quatrième modes sont peu en usage.

Je crois qu'une table indiquant la manière de débiter, d'une manière économique, les bois de charpente, sera placée en son lieu et place.

Table pour le débit des bois dans les foréts, pour les réduire au carré, ou à une grosseur méplate.

Pourtour sur 1 p d'écorce.	Id. sur 1 1|2 p. d'éc.	carrés.	méplats.	
24 pouces.	28 Id,	4	3 et	5
29	32	5	4	6
33	36	6	5	7
37	41	7	6	8
42	44	8	7	9
46	49	9	8	10
50	54	10	8	12
55	58	11	9	13
60	63	12	10	14
64	67	13	11	15
68	72	14	12	16
72	75	15	13	17
77	80	16	13	19
82	85	17	14	20
87	89	18	15	21
91	93	19	16	22
94	98	20	17	23
100	102	21	18	24
104	107	22	18	26
108	111	3	19	27

Pourtour sur 1 p. d'écorce.	Id. sur. 1 1/2 p. d'éc.	carrés.	méplats.	
113 pouces.	116 Id.	24	20	28
117	119	25	21	29
122	124	26	22	30
126	129	27	23	31
130	133	28	23	33
135	138	29	24	34
140	143	30	25	35
144	146	31	26	36
149	151	32	27	37
153	158	38	28	38

Dans cette table il est fait abstraction de l'aubier sur laquelle l'écorce est posée.

Les débitans dans les forêts équarrissent le bois le plus qu'ils peuvent, parce que cet équarrissement leur produit davantage que les méplats. Nous allons indiquer une méthode certaine et économique pour faire des bois méplats ; cette méthode est dans l'intérêt de ceux qui font débiter les bois pour leur usages.

Il faut que le carré du plus grand côté soit double, ou à peu près, du carré du petit côté, pour en tirer un bon parti, s'il est posé horizontalement et de champ. Par exemple, dans un arbre dont on pourrait tirer un carré de 12 p. on en tirera un méplat de 10 et 14 pouces, qui fera un service bien supérieur à celui de 12 pouces.

1°. Le carré de 12 est 144, et le rectangle de 10 et 14 est 140. Voilà déjà 4 échalats de moins, parconséquent moins de matière et moins de poids. 2°. un carré de 12 ne portera l'instant avant de se rompre, qu'un poids relatif à 216, et le 10 et 14 pouces en porteront un relatif à 245. La différence en est sensible. 3°. Il y a économie dans le débit en ce que ces bois carrés se débitent à la coignée, et par conséquent ne donnent que des copeaux de peu de valeur; et en ne débitant à la coignée que les petits côtés du méplat 10 et 14 qui est 10, on lève à la scie deux dosses, dont on peut tirer encore deux membrures de chacune 5 pouces sur 3 pouces, et 4 chevrons de 2 et 3 pouces; ce qui fait 60 échalats de plus qui excèdent de beaucoup le paiement des scieurs de long.

il sera bon de prendre pour un des grands côtés, le côté de l'arbre exposé au nord; ce qu'on connaît aisément sur la coupe horizontale, où les contextures du cercle sont les plus serrées. La table rapportée plus haut n'est que l'application du principe que nous exposons ici. Il est bien entendu que ces bois sont de chêne et de la meilleure qualité, c'est-à-dire qui ont crû sur un terrain aride, sablonneux et

pierreux. Les bois qui viennent dans un ter-
rin gras et marécageux ne sont propres qu'à
la menuiserie. Le bois de sapin est proscrit
à Paris dans les bâtimens parce qu'il est
moins de durée, soit à cause qu'il s'é-
chauffe plus aisément, ou qu'il est plus tôt
piqué des vers que tout autre bois, et encore parce qu'il résiste moins au feu. Cependant le sapin n'est point à mépriser
dans les lieux où il est commun et où le
chêne est rare.

Comme il a les fibres fort longues il portera dans son milieu l'instant avant de se
rompre, un poids d'un cinquième plus
fort que le chêne pour porter un poids de
500 livres. Le sapin rouge est le meilleur
de tous pour être employé étant posé horizontalement ou incliné, plutôt que verticalement ou à plomb, car son assemblage n'est jamais aussi solide que le chêne.

Bien que cela sorte un peu de notre ca-
dre je vais indiquer la méthode pour connaître le poids que peut porter dans son milieu une solive méplate, posée de champ
horizontalement et engagée entre deux
murs avant de se rompre.

Il faut d'abord multiplier le carré d'une
de ses extrémités par la hauteur verticale de cette même extrémité, ou si l'on

veut, multiplier le carré de la superficie d'une des ses deux coupes par le plus grand côté de cette superficie.

2°. Diviser ce produit par la quantité de pieds que la pièce aura de longueur ; 3°. Faire la proportion suivante ; l'unité est à 900 comme le quotient de la division qu'on aura faite est à un 4e. terme ; et ce 4e. terme indiquera la quantité du poids que la pièce peut porter dans son milieu.

Ainsi, soit une pièce de bois de 12 pieds de long sur 5 et 7 pouces de gros , posée horizontalement et de champ et engagée par les deux bouts dans deux murs. On veut savoir quel poids elle peut porter dans son milieu, l'instant avant que de se rompre.

Je multiplie d'abord 5 par 7 pour avoir le carré d'une de ses extrémités ou le carré de la superficie d'une de ses deux coupes; le produit est 35 qu'il faut multiplier par la hauteur verticale de la même extrémité, ou par le plus grand côté de la superficie de la coupe, c'est-à-dire 7. Le produit sera 245. 2°. Je divise ce dernier produit 245 par 12 qui est le nombre de pieds que la pièce a dans sa longueur; le quotient est $20\frac{5}{12}$.

3°. Je fais la proportion suivante , 1 :

900 : : 20 $\frac{1}{12}$: x = 18375 livres. Ainsi ce poids sera le fardeau que la pièce pourra supporter dans son milieu, l'instant avant que de se rompre. Si la solive n'était point engagée dans l'épaisseur du mur et qu'elle fût libre des deux bouts, elle ne porterait que les 2 sixièmes de ce poids. Ainsi la même solive non engagée, au lieu 18375 livres ne porterait que 12251 livres.

Il ne faut cependant pas prendre ceci trop à la lettre ; cette méthode n'indique que le poids à peu près que chaque morceau de bois, quel qu'il soit, peut porter ; car pour le service il ne faut point le charger au point qu'il puisse se rompre.

D'après ce principe on peut connaître que tout bois destiné à être posé horizontalement doit être méplat et posé de champ, pour deux raisons, la première parce qu'il y a moins de matière ; la seconde, parce qu'il porte un plus grand poids.

Pour le prouver supposons et comparons une solive de 6 pouces de gros sur tout sens, et de 12 pieds de long, avec une autre de même longueur et de 5 et 7 pouces. Le cube de la première sera 5184 pouces qui valent 3 pieds cubes, qui à raison de 60 livres le pied cube, pèsera 180. Le cube de la seconde sera de 5040 pouces, qui pèsera 175 livres ; la première pèsera donc 5 livres plus que la seconde.

Quant au poids que la première portera dans son milieu l'instant avant que de se rompre, on trouve qu'il sera de 16200 livres ; et quant au poids de la seconde, nous venons de voir qu'il sera de 18375, ce qui fait dans la matière $\frac{1}{36}$ de moins et dans la résistance 2175 livres de plus. On peut donc dire en général, quant au poids, que le premier est au second comme 36 est à 35 ; et quant à la résistance, comme 216 est à 245.

Ceci peut servir à connaître où peut être attaché le fléau de la balance d'un marchand, par le poids qu'on sait qu'elle peut porter l'instant avant que de se rompre ; mais nous allons faire voir qu'il vaut mieux placer le fléau à quelque distance du milieu pour supporter un plus lourd fardeau.

En supposant toujours la même solive de 12 pieds de long et de 5 et 7 pouces de gros, et engagée des deux bouts dans l'épaisseur des murs, si l'on attache le fléau aux deux tiers de sa longueur, cette solive portera un fardeau de 1531 livres plus que dans son milieu, c'est-à-dire qu'au lieu de 18375 livres elle portera 19906 $\frac{1}{4}$, ce que je démontre ainsi.

Si l'on considère que l'action du poids est divisée en trois parties égales, dont deux agissent aux deux extrémités, et l'autre au milieu, on verra qu'afin que la poutre soit chargée aux deux tiers comme elle le serait dans le milieu avec le poids de 18375, il faut que chaque bout soit tiré de la même façon.

C'est pourquoi je diviserai d'abord 18375 par 3; le quotient sera 6125. 2°. Je multiplierai 6125 par 6, moitié de la longueur de la solive; le produit sera 36750 qu'on divisera alternativement par 8, deux tiers de la longueur, et par 4, tiers de la longueur. Le premier quotient sera 4593 $\frac{3}{4}$ et le second 9187 $\frac{1}{2}$ lesquels additionnés avec 6125 donneront la somme de 19906 livres $\frac{1}{4}$ qui sera le poids que cette solive portera aux deux tiers de la longueur, ce qui fait une augmentation de 1531 pouces un quart.

On trouvera encore plus de résistance, si l'on attache le fléau aux trois quarts de la longueur de la solive. Car l'action du poids étant divisée en quatre quarts, dont deux quarts agissent aux deux extrémités, et les deux autres quarts au milieu, il fau dra multiplier les deux premiers quarts ou la moitié de 18375 qui est 9187 $\frac{1}{2}$ par 6 moitié de la longueur de la solive ; son produit sera 55125 ; divisé alternativement par 9 et par 3, qui sont les trois quarts et le quart de la longueur de la solive les quotiens seront 6125 et 18375. Ces deux sommes étant ajoutées à 9187 $\frac{1}{2}$ font ensemble 33687 $\frac{1}{2}$ pour le poids que cette solive portera aux trois quarts de sa longueur.

On voit d'après ces exemples que plus le fléau sera placé près d'une des extrémités de la solive, plus la solive aura de résistance.

Table faisant connaître la pesanteur des
bois de différentes grosseurs sur des longueurs progressives de 3 pieds en 3 pieds ;
les carrés des pièces et leurs méplats , enfin les poids qu'elles peuvent supporter
dans leur milieu l'instant avant que de se
rompre , les pesanteurs calculées à raison
de 60 livres le *pied* cube de bois.

Sur trois pieds de longueur.

Grosseur des pièces de bois.	poids.	force liv.
3 pouces.	11 1/4 liv.	8100
3 et 4	15	14400
4	20	19200
4 et 6	30	43200
5	31 1/4	37200
5 et 7	43 3/4	73500
6	45	64800
6 et 8	60	115200
7	61 1/4	102900
7 et 9	78 3/4	70100
8	80	153600
8 et 10	100	240000
9	101 1/4	218700
6 et 12	90	259200
8 et 9	90	194400

Suite du tableau indiquant le poids sous lesquels les solives peuvent se rompre.

Sur six pieds de longueur.

Grosseur des pièces de bois.	poids.	force.
Id.	22 1/2	4050
Id.	30	7200
Id.	40	9600
Id.	60	21600
Id.	62 1/2	18750
Id.	87 1/2	30750
Id.	90	32400
Id.	120	57600
Id.	122 1/2	51450
Id.	157 1/2	85050
Id.	160	76800
Id.	200	120000
Id.	202 1/2	109350
Id.	180	129600
Id.	180	97200

Suite du tableau indiquant le poids sous lequel les solives peuvent se rompre.

Sur neuf pieds de longueur.

Grosseur des pièces de bois.	poids.	force.
3 pouces.	33 3/4	2700
3 et 4	45	4800
4	60	6400
4 et 6	90	14400
	93 3/4	12500
5 et 7	131 1/4	24500
6	135	21600
6 et 8	180	38400
7	183 3/4	34300
7 et 9	236 1/4	56700
8	240	51200
8 et 10	300	80000
9	303 3/4	72900
6 et 12	270	86400
8 et 9	270	64800

Suite du tableau indiqnant le poids sous lequel les solives peuvent se rompre.

Sur douze pieds de longueur.

Grosseur des pièces de bois.	poids.	force.
Id.	45	2025
Id.	60	3600
Id.	80	4800
Id.	120	10800
Id.	125	9375
Id.	175	18375
Id.	180	16200
Id.	240	28800
Id.	245	25726
Id.	315	41525
Id.	320	38400
Id.	400	60000
Id.	405	54670
Id.	360	64800
Id.	360	48600

Suite du tableau indiquant le poids sous lequel les solives peuvent se rompre.

Sur quinze pieds de longueur.

Grosseur des pièces de bois.	poids.	force.
3 pouces.	56 1/4	1620
3 et 4	75	2880
4	100	3840
4 et 6	150	8620
5	156 1/4	7500
5 et 7	218 3/4	14700
6	225	10960
6 et 8	300	23040
7	306 1/4	20580
7 et 9	393	34020
8	400	30720
8 et 10	500	48000
9	506 1/4	43740
6 et 12	450	51840
8 et 9	450	38880

Suite du tableau indiquant le poids sous lequel les solives peuvent se rompre.

Sur dix-huit pieds de longueur.

Grosseur des pièces de bois.	poids.	force.
Id.	67 1/2	1350
Id.	90	2400
Id.	120	3200
Id	180	7200
Id.	187 1/2	6250
Id.	250 1/2	12250
Id.	270	10800
Id.	360	19200
Id.	367 1/2	17150
Id	472 1/2	28350
Id.	480	25600
Id.	600	40000
Id.	607 1/2	36460
Id.	540	43200
Id	540	32400

Suite du tableau indiquant le poids sous lequel les solives peuvent se rompre.

Sur vingt-un pieds de longueur.

Grosseur des pièces de bois.	poids.	force.
3 pouces.	78 3/4	1157 1/7
3 et 4	105	2057 1/7
4	140	2742 2/7
4 et 6	210	6171 4/7
5	218 3/4	5357 1/7
5 et 7	306 1/4	10500
6	315	9257 1/7
6 et 8	420	16457 1/7
7	428 3/4	14700
7 et 9	551 1/4	24300
8	560	21942 6/7
8 et 10	700	34285 5/7
9	708 3/4	31240 6/7
6 et 12	630	37028 2/7
8 et 9	630	27771 3/7

Suite du tableau indiquant le poids sous lequel les solives peuvent se rompre.

Sur vingt-quatre pieds de longueur.

Grosseur des pièces de bois.	poids.	force.
Id.	90	1011 1/4
Id.	120	1800
Id.	160	2400
Id.	240	5400
Id.	250	4687 1/2
Id.	350	9187
Id.	360	8100
Id.	480	14400
Id.	490	12862 1/2
Id.	630	21262 1/2
Id.	640	19200
Id.	800	30000
Id.	810	27335
Id.	720	32400
Id.	270	2430

Tableau des prix approximatifs des travaux de charpente sans usage.

	Prix du stère.		Prix du pied cube ou de la pièce.	
	fr.	c.	fr.	c.
Bois ordinaire dit de brin avec assemblage ou sans assemblage confondus. .	100		10	
Id., à un ou deux sciages confondus.	110		11	
Bois de qualité pour les poutres, les grands arbalétriers, les poteaux, chapeaux de lucarne, le sciage compris.	140		14	
Bois de qualité pour racinaux et mangeoires. . .	135		13	50
Bois de qualité refaits pour escaliers et travaux circulaires, compris sciages.	165		16	50

	fr. c.	fr. c.
Bois pour les cintres que l'on emploie à la pose des voûtes, arcades ou plates-bandes en pierre ou moellons, les bois étant repris en compte par l'entrepreneur. . . .	70	7
Bois pour étaies.	25	2 50
Vieux bois ordinaire pour façon, avec assemblage ou non, confondus, prix moyen.	16	1 60
Vieux bois à un ou deux sciages, confondus pour façon, prix moyen. . . .	25	2 50
Id., bois fournis de diverses grosseurs et de première qualité, avec ou sans assemblage confondus, prix moyen.	95	9 50
Sapine pour échafaud. . .	94	9 40

	fr.	c.	fr.	c.
Démolition de vieux bois, descendus à la chèvre ou à l'épaule.		6	30	63
Plat-bord, pour plancher d'échafaud en superficie.		6	95	69
Id., à façon.		1	22	12

Prix des bois avec usage.

	Prix du stère.		Prix du pied cube ou de la pièce.	
	fr.	c.	fr.	c.
Bois ordinaire de brin, avec assemblage et sans assemblage confondus. . . · .	90	50	9	50
Id., à un ou deux sciages confondus.	101		10	
Bois de qualité pour les poutres, les grands arbalétriers, les poteaux apparens, chapeaux de lucarne etc., compris le sciage , prix moyen. . .	115		11	50
Bois de qualité pour racinaux et mangeoires. . .	112		11	20
Bois de qualité refait pour escaliers et travaux circulaires, compris sciage. .	150		15	

	fr. c.	fr. c.
Bois pour les cintres que l'on emploie à la pose des voûtes, arcades ou plates-bandes en pierre et en moellons, le bois étant repris en compte par l'entrepreneur....	30	3
Bois pour étaies........	16	1 60
Vieux bois *Id.*, pour façon à un ou deux sciages confondus, prix moyen...	22 50	2 50
Vieux bois ordinaire pour façon, avec assemblage ou non confondus, prix moyen...........	14 50	1 45
Id., bois fournis de diverses grosseurs et de première qualité, avec ou sans assemblage confondus, prix moyen...........	78	7 80
Sapine pour échafauds...	86	8 60

	fr.	c.	fr.	c.
Démolition de vieux bois, descendus à la chèvre ou à l'épaule.	5	50		55
Plat-bord pour plancher d'échafaud.	6			60

Prix moyen de la charpente dans les bâtimens ruraux, avec usage.

	Prix du stère.		Prix du pied cube ou de la pièce.	
	fr.	c.	fr.	c.
Bois ordinaire de brin, avec assemblage ou sans assemblage confondus. . .	74	60	7	44
Id., à un ou deux sciages confondus.	74		7	06
Bois de qualité pour les grands arbalétriers, les poteaux apparens, chapeaux de lucarne, compris le sciage , prix moyen.	105		10	05
Bois de qualité pour marches et limons d'escaliers ordinaires.	117	08	11	78
Bois neuf ordinaire , avec				

	fr.	c.	fr.	c.
assemblage ou non , à façon seulement.	16	9	1	69
Id., en vieux bois.	15	06	1	56
Id., avec sciage , bois neuf.	18		1	80
Id. *Id.* vieux bois.	17		1	70
Id., pour charpente de lucarne.	25		2	50
Id., bois vieux.	24		2	40
Id., pour marche d'escalier bois neuf à façon. . . .	49		4	90
Bois de plancher et comble pour dépose et repose seulement.	8	80		88
Vieux bois de comble , de cloisons et de planchers démolis , descendus et rangés	4	50		45
Étais en bois fournis, les bois loués seulement. . . .	13		1	30
Étais faits en bois pour le propriétaire.	7	30		73

	fr.	c.	fr.	c.
Étais pour dépose et repose seulement sans être retaillés.	5	20		52

	fr.	c.
Bardeau, fourni le mille.	12	85
Id., pour façon le mille.	3	35

FIN.